走自己的路
与心灵对话

陈万辉 编著

煤炭工业出版社
·北京·

图书在版编目（CIP）数据

走自己的路，与心灵对话／陈万辉编著．－－北京：
煤炭工业出版社，2018

ISBN 978 - 7 - 5020 - 6962 - 9

Ⅰ．①走…　Ⅱ．①陈…　Ⅲ．①人生哲学—通俗读物
Ⅳ．①B821 - 49

中国版本图书馆 CIP 数据核字（2018）第 245168 号

走自己的路　与心灵对话

编　　著	陈万辉
责任编辑	马明仁
编　　辑	郭浩亮
封面设计	荣景苑

出版发行	煤炭工业出版社（北京市朝阳区芍药居 35 号　100029）
电　　话	010 - 84657898（总编室）　010 - 84657880（读者服务部）
网　　址	www. cciph. com. cn
印　　刷	永清县晔盛亚胶印有限公司
经　　销	全国新华书店

开　　本	880mm × 1230mm$^1/_{32}$　印张　7$^1/_2$　字数　200 千字
版　　次	2019 年 1 月第 1 版　2019 年 1 月第 1 次印刷
社内编号	20180646　　　　　定价　38.80 元

前　言

　　每个人都是世界上独一无二的奇迹，每个人身上都蕴藏着巨大的力量，而这种力量在危难之际或者紧迫之时就可以爆发出来。让我们在生活中的每一天里，一步一步改变自己的思想、感受自己的行为。只要我们真正运用了潜藏在我们心灵深处的力量，我们就会拥有掌控、改变自我人生的非凡能力。

　　人的潜能是巨大的，世间没有人知晓人体内到底蕴藏着多少能量，这种潜能是我们创造财富、挑战自我、实现自我的动力。只要我们释放出内心的潜能，我们就会无坚不摧，无所不能，即使面对强于自己百倍的对手也不会胆怯。

　　我们希望出类拔萃，也希望生活方式与众不同，我们明

白，只要我们能够释放出内心无比强大的能量，我们就会化恐惧为前进的动力，就可以在生命中得到突破，提升生命的品质，就可以将梦想转变成现实。

　　能量释放也是与我们的选择有联系的。人们常说，态度决定一切，目标决定一切，习惯决定一切，我们所选择的能量释放同样决定一切，我们释放出了什么样的能量，就会有什么样的结局。

　　所以，一切都在我们的掌握之中，只要我们完全发挥自己所拥有的一切力量，就会改变我们的人生，就会为自己开启一段前所未有、崭新而无悔的人生旅程。

目 录

|第二章|

加强自我修炼

|第三章|

认 识 自 我

|第四章|

欲望

|第五章|

增强内心的能量

|第六章|

不惧怕失败

第一章

内在的修炼

善于化解心结

尼采在《创造者之路》中说："你们所能遇见的最大敌人乃是你自己，你埋伏在山里的森林中，随时准备偷袭你自己。你这个孤独者所走的，是追求自我的道路！你应该随时准备自焚于自己点燃的烈焰中。倘若你不先化为灰烬，如何能获得新生呢！"

佛祖释迦牟尼在他晚年曾告诉他的门徒说："我第一次感受到解脱滋味的出现是在我离家之前，那时我还是个孩子，有一天坐在一棵菩提树下沉思，后来，我发现自己沉浸在日后认定是专心不乱的第一个层次。这乃是我第一次品

尝到解脱的滋味，于是我告诉自己'这就是看到了启悟的路。'所以我决定把生命完全奉献给精神上的探险。"结果，正如我们所知道的，不单单只是一个新的生命哲学的产生，它更是一种以新的人生方式来体验世界的方式。

有一个樵夫上山砍柴，无意间在山上遇见一个奇怪的人，那人的外表只有一层薄膜一样的皮肤，五脏六腑都看得清清楚楚，五颜六色，非常丑怪。

樵夫问："你是什么？怎么长成这个样子？"

透明人说："我的名字叫'妙听'，我不是人，而是妖怪。"

樵夫说："你是妖怪？妖怪都该有特别的本事，你有什么本事呢？"

透明人说："我只有一个特别的本事，你看我的身体是不是透明的？这就是我的本事。所有人在我面前都会变成透明的。我不但可以看见人的五脏六腑，还可以看见人的隐私、心思和一切的秘密。简单地说，我会'读心术'，所以才叫作'妙听'呀！"

"你可以知道人的隐私、心思和一切的秘密，那多可怕

呀！"樵夫心里想着，问妖怪："妙听先生，那么今天我怎么会遇见你呢？"

透明人说："我正要去惑乱人间哩！我打算把妻子的心思告诉丈夫，把丈夫的隐私告诉妻子，让夫妻失和。我打算把朋友之间互相隐藏的秘密告诉对方，让朋友反目。我打算东说说，西说说，把东家最不想让西家知道的事告诉西家；再把西家最怕东家知道的事告诉东家……我不必使用特别的妖术，只要靠这张嘴巴，不久之后，地球就会毁灭呀！"

樵夫越听越怕，想到人间从此没有隐私和秘密，即使是暗中乱想的心思也会被公之于众，这世界会变得多么恐怖呀！樵夫这样想着，他就有了一个想法："趁这个妖怪还没有到人间作乱之前，在山上把它杀了吧！"

当他想到这里，妖怪妙听突然大笑："哈哈哈！你刚刚在想，趁我还没有到人间作乱，先把我杀了！你怎么可能杀死我呢？不管你想什么，我都会先知道的！"

樵夫暗暗心惊，假装成浑然不知的样子。

妖怪说："你想装成浑然不知的样子，趁我不注意时杀

掉我，哈哈哈……"

樵夫恼羞成怒，拿起斧头就向妖怪砍去，左砍右砍，上砍下砍，不管他怎么砍，斧头还没有下来，妖怪已先"读"出了樵夫想砍下的方向，妖怪一边闪躲，一边不断地嘲笑樵夫。

最后，疲惫不堪的樵夫颓然坐在地上，无奈地对妖怪妙听说："既然杀不了你，你也没有本事害我，我不管你了，我还是砍柴吧！"

休息了一会儿，樵夫继续认真地砍柴，尽管妖怪在一旁干扰，他却视而不见，完全忘记了妖怪的存在，他进入了无心境界。他的手一滑，斧头飞了出去，正好砍中了妖怪的眉心。

所以，无论任何人，只要我们的心态平和，我们才能在这个社会中左右逢源，许多棘手的问题也便迎刃而解，许多人间的美景才能尽收眼底。如果做不到这点，他的人生就不会快乐。

一个人夜里做了一个梦，在梦中他看到一位头戴白帽、脚穿白鞋、腰佩黑剑的壮士，向他大声责骂，并向他的脸上吐口水……于是他从梦中惊醒过来。

第二天早上，他闷闷不乐地对他的朋友说："我自小到

大从未受过别人的侮辱。但昨夜梦里却被人骂并吐了口水，我心有不甘，一定要找出这个人来，否则我将一死了之。"

于是，他每天一起床便站在人来人往的十字路口寻找这个梦中的敌人。几星期过去了，他仍然找不到这个人。

这个故事说明了什么？他告诫我们，人常常会假想一些敌人，然后在内心累积许多仇恨，使自己产生许多毒素，结果把自己活活毒死。

你是不是心中也怀着一股怒气呢？要知道这样受伤害最大的是你自己，何不看开点，让自己的心得到修炼，给自己一个快乐的天堂呢？

拯救自己

你是否有过出人头地的想法？你是否有过当老板的念头？你是否有过挣大钱的想法？你是否有过像李嘉诚一样富裕的渴望？你是否有过像名人一样风光的愿望？

可是为什么我们迟迟不能到达成功的顶峰？为什么我们总是走在别人的后面？为什么我们胸怀着远大的理想却一直还没有成功？

以上这些问题你是否仔细地思考过？不要说我们缺乏的东西太多，例如机会、资本、关系……成功能否来到，不只是局限于这些外在的条件，而在于你本身，没有什么可以取

代你自身的力量，只有你是你命运的主人。

你能吃下一头大象吗？如果有人这样问你，你一定会说："那怎么可能呢。"

然而，一次一口，你就能吃下一头大象了，不是吗？因此，让我们立下"吃下大象"的宏愿，然后，在一张纸上写下你每年需要达到的目标，那么如果你可以按部就班地去做，做到"计划，坚持，执行"，那么总有一天，我们便会吃下一头大象。

因为只要你相信你能，你就一定能，谁能断定我们不能呢？没有人能说我们不能，除非我们自己放弃了自己。

事实上，成功者需要具备的品质和素质很多，其中最重要的莫过于自信和自立，二者均能体现一个人对自己的坚定信念。信念坚定的人，潜意识会具有巨大的能量，他们能够将这种力量置于自己的控制下，充分发挥出潜意识的思维的作用。而且，他还能激发与自己共事之人的能量。自信和自立的人，注定是天生的成功者。

苏联作家马克西姆·高尔基说："只有满怀自信的人，才能在任何地方都怀有自信，沉浸在生活当中，并实现自己的意志。"

　　有一项针对人类世界的研究，揭示了这样一个事实：那些最终获得成功的人，那些实现了自己远大抱负的人，那些在人生中颇有建树的人，那些在内心抱有坚定信念的人，都相信自己能成功。这些人绝不会因暂时的失败而退却，失败对他们而言是短暂的，它们最后都会变成成功的阶梯。这些人才是命运的真正的主宰，是灵魂之船的船长。这些人从来不会被真正打败，他们就像皮球，受到打击之后，反而弹得更高。他们的信念坚定不移，信仰不可动摇，所以总能成为胜利者。只有当一个人失去了自信时，他才可能被真正击败。

　　正如法国启蒙思想家、文学家让·雅克·卢梭所说的那样："自信力对于事业简直是一个奇迹。有了它，你的才干就可以取之不尽，用之不竭；一个没有自信的人，无论他有多大的才能，也不会抓住一个机会。"成功的人总是表现出超强的自信心，在他们身上我们可以看到他们对自我的肯定，那是一种无坚不摧的力量，是任何挫折都无法打垮的坚固基石。在这种自信心的驱动下，他们敢于不断向困难挑战，并鼓励自己不断努力，从而获得成功。

　　研究表明，人生的失败者有两类：第一类人从未有过坚定的信心，从未树立过自信；第二类人遇到机会时，丧失信

心，不能自立。

没有坚定信念，不自信的人，会被人一眼看出来他们缺乏成功者的素质。只要和他们交往，就会强烈地感觉到他们的怯懦。久而久之，社会就对这类人不再抱有信心，他们自然也不可能取得成功。

成功者迥然不同，他们既自信，又自立。只要你能够做到这两点，你就会登上成功的巅峰。我们常常看到，成功人士都曾遭遇过挫折和坎坷，在年轻创业之时，他们可谓历尽艰辛，有些人甚至到了晚年，还要经受严峻的考验。然而，所有这一切都阻止不了他们，无法削弱他们的坚强意志。他们跌倒了，马上爬起来，对命运永远坚定而执着。正如亨利先生所言："尽管我头破血流，但我绝不言败"。命运永远无法击败这样的人。命运女神会认识到"真正的男人"，她会垂青于他，处处为他提供无私的帮助。

人的一生中会遇到各种各样的坎坷，面对坎坷不同的人有不同的看法，有人说坎坷是磨难，有人说坎坷都是路，而我赞成后者。如果说走路是一种本能的动作，那么开路则是一种创新的行为。也就是说，在坎坷面前能不能找到属于自己的一条路，完全在于个人的内心领悟和实际本领。只要你不灰心

丧气、只要你不轻言放弃，人生的路一定会越走越宽！

当你找到内在的自我时，你就能够认识到，它是你的信念和目标的来源。信念和期望曾引无数英雄竞折腰，让他们沿着理想的道路执着著地追求、充满信心地期待、坚持不懈地努力，最终登上成功的顶峰。正是这个内在的自我，让不计其数的人们发挥自身潜能，成为成功者。它让你的精神不受约束，让你的意志无法被征服，它直指你心灵的深处，让你具有惊人的能量。

许多世纪以来，圣哲都告诉我们，这种内在的自我，这种"自我"的信念，能够让人从逆境中崛起，克服一切困难，最终摘取成功者的桂冠。前人发现了这个真理，并将它传递给后人。这是一种信念，一种精神力量，一旦你能信任并利用这种力量，你就一定能够逢凶化吉，扭转乾坤。

诚然，你的内在的自我，是伟大的精神的光辉，是伟大的精神火焰的火花，是无限精神力量的焦点。

坚信你的内在的自我，它有助于你发挥潜能。它可以让你的思维敏捷；让你的情感能量控制自如，并有效地让你的想象力更有创造性，更好地服务于你；让你掌控自己的意志力，发掘你潜意识的能量；它可以开阔你的眼界，丰富你的

思想，释放出你无限的精神能量；它可以让内心吸引定律顺利发挥作用，为你实现远大理想提供帮助。另外，它还能清除你和自身对话的障碍。

所以，去发现你的内在自我，对它抱有坚定的信念，并充满信心，这个过程，将会使你受益无穷。

威尔逊曾经说："要有坚强的自信，然后全力以赴——如果能具备这种良好的心态，无论任何事情，十之八九都能成功。"

那些被很多人认为困难的事情，往往都是由自信心十足的人完成的，没有自信的人在困难面前只能半途而废，一无所成，如果你有了强大的自信，成功离你也就近了。

大卫·布朗是美国赚钱最多的电影制片商之一，但他曾三次被解雇。

在好莱坞，他一跃成为"20世纪福克斯制片厂"的第二号人物。后来，他导演的《克里奥佩特拉（埃及最后一个女王）》一片，这部影片票房奇惨，接着公司大裁员。于是，他第一次被解雇了。

在纽约，他在新际美利坚文库担任编纂部副总裁，但因

他在工作中与一个不学无术的门外汉上司发生冲突，使他第二次遭受失业。

后来他又返回加利福尼亚，被重新任命为20世纪福克斯电影制片厂的高层管理人员。不久，因董事会不喜欢他提议拍摄的几部影片，他再一次被革职。

经过三次失败，布朗开始认真思索他的工作作风，重新审视自己。他认为自己在做事时一向敢言，肯冒险，喜欢凭直觉处事，遇事有独到见解，这些都是决策者所必需的素质，也就是老板的作风，但不是当雇员的行为。他意识到像自己这样的个性，不适合在别人的公司里服务。于是他选择自立门户，拍摄影片。

事实证明，布朗是个天生的企业家，他在别人手下当行政管理人员之所以失败，是因为他选择的路不正确，令他的潜力和特长无法发挥出来。

布朗的经历告诉我们，要客观、正确和全面地认识自己，才能扬长避短，让自己真正地得到发展。

然而，在现实生活中，却有很多的人总是听天由命，认为自己的人生道路是上天安排的，结果使自己得不到发展，终日无所事事，结果使自己一事无成。他们没有认识到世上没有什么救世主，只有自己才能改变自己，只有自己才能拯救自己。这就是我们所提倡的人生修养。有了这种修养，一个人才能对幸福、生命、价值的实现、生命意义的获得有一种全新的认知。

时间可以改变一切

　　在遥远的古代印度，有一个国王，他的国家广大而强盛。他得到一个美若天仙的女子作为王妃，两人相亲相爱，琴瑟甚笃。然而好景不长，他的宠妃不久得了绝症，就连全国最好的医生也感到束手无策。最终，宠妃还是香消玉殒。

　　悲恸欲绝的国王，为爱妃举行了盛大的葬礼，用所能找到的最好的木材，用最好的工匠为爱妃做了棺椁。为了能日日见到爱妃，国王下令，把棺椁放在王宫旁的大殿里，一有时间，就来此陪伴爱妃，回忆过去的美好时光。时日久了，国王觉得大殿周围的景色单调贫乏，不配爱妃的容颜，于

是，在周围修建花园，从全国各地搜寻奇花异草。花园建成后，觉着还缺些什么，又引恒河水，建成了一个美妙绝伦的人工湖。湖建成后，又修造亭台楼阁。后来，又请来一流的雕刻师制作精美的雕塑……总之，国王总不满意这个园林，一直不断地扩充和完善。

一直到暮年之时，他还在苦苦思索，怎样让这座绝世园林更加完美。有一天，他的目光落在爱妃的棺椁上，觉着它停在这样的园子中根本不协调，就挥了挥手说："把它搬出去吧！"

时间能改变一切！

人生的秘密，尽在时间，在于时间的魔术和骗术，也在于时间的真相和实质。时间把种种妙趣赐给人生：回忆，幻想，希望，遗忘……人生本身时刻依赖时间。

哲学家伏尔泰问："世界上，什么东西是最长的，而又是最短的；是最快的，而又是最慢的；是最易分割的，而又是最广大的；是最不受重视的，而又是最受惋惜的；没有它，什么事情都做不成；它使一切渺小的东西归于消灭，使一切伟大的事物生命不绝？"

　　智者查帝格回答："世界上最长的东西，莫过于时间，因为它永无穷尽；最短的东西，也莫过于时间，因为人们所有的计划都来不及完成；在等待着的人看来，时间是最慢的；在作乐的人看来，时间是最快的：时间可以扩展到无穷大，也可以分割到无穷小；当时，谁都不重视，过后，谁都表示惋惜。没有时间，什么事都做不成；不值得后世纪念的，时间会把它冲走；而凡属伟大的，时间则把它们凝固起来，永垂不朽。"

　　美好的过去固然珍贵，但不能用它来束缚今天的行动。每天早晨睁开眼睛，我们真正能掌握的唯有今天而已。谁也无法将一只脚遗留在过去，也无法单靠一只脚便踏入未来。

　　时间使我们的思想恢复镇定与弹性，使我们忘却生活带来的打击。时间总会带来新的希望，新的爱情。时间能够安慰人心，时间带来无数的改变。

　　若你曾经失败，不要气馁；若你取得成功，也不要止步不前。因为时间的洪流将带走一切。当面对崭新的一天时，只应该抖擞精神加倍努力去工作。

不断激励自己

有很多人具有超群的智慧和非凡的才干，可是他们终其一生过的都是灰色暗淡的日子，从来没有做过哪怕是一件值得让自己骄傲的事情。究其原因，就是因为他们不懂得积极自我暗示的力量，从来不曾给自己一些积极的自我暗示。在消极的心理作用下，他们感到沮丧和彷徨，以至于对任何事物都失去了好奇和自信。在消极心理的引导下，做任何事情之前他们想到的不是成功，而是失败，"如果一旦失败，有什么脸面见人呢？"因此，他们的激情和信心在做事之前就已经消失得无影无踪了。

　　如果一个人一开始就相信所谓的宿命，自认为是个倒霉蛋，认为自己会倒霉一辈子，那就是世界上最悲哀的事情。从唯物主义的角度出发，所有宿命论都是骗人的，命运掌握在我们自己的手中，我们自己就是命运的主宰。

　　在现实生活中，我们总是会看到一些怨天尤人的人，他们抱怨自己没有好的家庭出身，抱怨自己所处的环境不能为自己提供发展的机遇。然而有一些人同样出身贫寒，所处的环境同样艰苦，但是他们早已收获了成功的喜悦。

　　西方有句谚语："自助者天助。"反过来说就是，假如一个人认为自己命中注定失败，那么就连上帝也爱莫能助。要让一个满脑子充满消极想法和失败念头的人取得成功恐怕难于登天。假如一个人的脑子里都是失败和贫困的想法，那么这种想法也会充斥他的潜意识。也就是说，他自己的潜意识和外在的精神状态，已经成了他奋斗路上的绊脚石，这会让他所做的事情更加艰难。

　　为了自我推脱，人们总是喜欢用残忍和不幸来解释各种失败，其实那只是人们的推测和凭空想象的东西罢了。

　　在我们的生活中总会出现这样的奇怪现象，一些人看起来资质平平，没有什么特殊的能耐，但是却取得了辉煌的成

就，于是我们就认为是神秘的命运在帮他，而且就是这种神秘的力量让我们在成功的门前止步。但事实上，我们的这种心态和想法是极其错误的。

其实是我们有自己不易觉察的缺陷，那就是我们不知道如何激励自己奋发前进！扪心自问，我们是否严格要求过自己？我们是否对获取成功有强烈的欲望？我们有远大的理想吗？可以肯定，这些都没有。要想让自己也获取让人羡慕的成功，我们就必须改变自己，首先要从改变我们的思想开始。我们要让自己对前程怀有美好的憧憬，坚信自己拥有无限发展的可能性；正确地看待自己，不自卑，相信天生我材必有用，认定自己可以取得一些非凡的成功。

为了让自己成为理想中的那个人，努力加油吧！我们首先要做的就是为自己设立目标，明白自己有什么样的性格和品质，一旦这样做，你会发现，你就会拥有一股强大的魔力和一种真正的创造力，这股力量会帮助你实现自己的设想。

我们都希望自己能够保持健康，让各种不幸远离自己，那么我们就要保持健康的心态。让脑袋里转的是健康，嘴里说的是健康，让健康的念头时刻围绕自己。

这个法则同样适用于幸福。除了幸福，不要让其他的念

　　头占据你的大脑。从内心深处认定自己是幸福的，让你的做事方式、思维、言谈、衣着看起来都像一个正在享受幸福的人。这就是你的精神图景，是你设想的精神模式。

　　同样，我们要想变得勇敢，就要赶走心中的怯懦，只要我们怀着无畏的念头和思想，任何东西都无法使我们变成胆小鬼。

　　你或许会因为胆怯而耿耿于怀，或者因为害羞而郁郁寡欢，那么就从现在开始改变自己吧！只要你昂起头来，不再惧怕任何人，任何事，就可以保持男士的翩翩风度和女士的无限魅力。当你这样做了，你就会克服性格中的弱点，甚至把曾经的弱点转变成自己的强势。

　　解决害羞问题的最好方法就是为自己营造一种轻松、友好的环境氛围。你要这样告诉自己：没有人会盯着我，大家忙得团团乱转，怎么会有人关注我呢？即使所有人都盯着我也没关系，我依然要坚持自己的生活方式，做纯粹的自己！

小缺点也可以毁掉自己

　　一条河流方向的改变，往往可能是因为河床上细小的鹅卵石；一个重大错误的发生，其导火索往往都是一些小小的失误。我们可以根据水面上的波纹来辨别风向，也可以根据动物行走的脚印来分辨出动物的种类和大小。在历史的演变和进程中，希腊虽是弹丸之地，却将民主政治之风带到整个欧洲和美洲。

　　巍峨险峻的阿尔卑斯山，人们在穿行时需要保持绝对的安静，这是因为哪怕是最微弱的声响，都有引发雪崩的可能。

　　有这样一个关于印第安人的故事，让学者们为他那细致

入微的观察能力而惊叹。

有一次，一个印第安人外出回到家时，发现吊在屋檐下风干的鹿肉不见了。通过仔细地观察和分析，他断定自己的鹿肉肯定是被别人偷走了，并且他已经能够判断盗贼的形象了。于是他就走进树林去寻找，在碰到一个陌生人时，他便上前询问那个人是否见到一个身材矮小，上了年纪，领着一只短尾巴小狗、带着一把短枪的白人，并告诉陌生人是那个人趁自己不在家偷走了风干的鹿肉。陌生人回答说："我的确看到过这个人，不过让我感到好奇的是，你既然没有见过他，为什么还能够如此精确地描述出他的外貌呢？"印第安人回答说："这还不简单，这个人在偷鹿肉的时候，搬来一块石头垫在脚下，这说明他是一个身材矮小的家伙；后来我观察到了他的脚印，他的步伐很小，说明他是一个上了岁数的老头；我们印第安人在走路时脚趾会很用力的，而他不是，所以断定他是个白人；在他经过的路旁的树干上遗留着枪的印迹，在他的足迹旁还有一小串短小的狗的足迹，所以我可以猜测他扛着短枪领着小狗，并且从小狗坐下来的痕迹来看，这条狗的尾巴应该很短。"

　　一个小小的错误会酿成千古憾事，一个从小就会偷针的人长大之后会因为偷金而丢掉性命，这些都是活生生的事实，绝不是危言耸听。冲动是魔鬼，一时的冲动往往会造成不可挽回的错误。假如一个人因一时的情绪失控而扣动扳机，那么等待他的只有是生命的结束。

　　细小的火星遇到易燃物就会迅速燃烧，人们据此发明了火药；漂浮在水面上的木头和海藻，启迪人们发明了木筏，进而让人们建造了大型轮船，最终有了新大陆的发现。人们根据小小的动物化石可以准确分析出灭绝动物的身体结构，也可以推断出亿万年前的地理环境。历史上看似渺小的时刻，往往会让世人得到意想不到的惊喜。

　　有一支军队曾因为一只蟋蟀而获救。那是一支上千人的队伍，他们乘船前往南非，其中一名士兵随身携带了一只蟋蟀。在航行中，因为舵手不是十分熟悉航线，大船即将碰触到礁石，后果不堪设想，这时那只蟋蟀闻到了岩石的味道，于是发出了刺耳的叫声。这尖锐的叫声引起了船员的警惕，就在最危险的那一刻，他们及时地调转了船头，从而成功地避免了一场灾难。

千里之堤毁于蚁穴，堤坝上即使出现一个小小的老鼠洞，也有可能会是一个国家沉入水底。

在荷兰，有一个人们时刻铭记的小男孩。在一个寒冷的夜晚，那个小男孩发现在大坝的底端正有一小股水蹿出来，他想自己必须想办法把这个洞堵住，否则，随着水流的时间越长，这个洞就会被冲得越来越大，那就会有引发决堤的可能。在找不到东西来堵那个小水洞的情况下，他毅然用自己的小手堵住了正在喷射的水流。在整个寒冷漫长的夜里，他就一直这么坚持着，直到第二天他被一个路人发现。他被人们尊称为英雄，因为他拯救了整个国家。

小事往往能转变人的思想，能够带来顿悟和灵感，甚至造福全世界。

有一个关于波特·克利夫将军的故事，在他还是一个青年的时候，他满怀信心地到大城市去寻找工作，却接连受挫。他感到万般绝望，于是想到了自杀。当他举起手枪咬着牙对着自己的脑门开了一枪时，手枪并没有响，更没有子弹射出来，但是枪中明明装满了子弹。他想我是不是命不该绝？那我就朝天上开一枪看看，如果枪响了，那我能活下来

就真的是天意。于是，他朝天空扣动了扳机，"砰"的一声，枪响了。这让克利夫顿时激动起来，他立刻就决定珍惜自己的生命，并坚强地活下来。

英国政府曾经拥有一颗极其罕见的红宝石，那块宝石体型硕大，晶莹剔透，光华夺目，被当时著名的珠宝商鉴定为最珍贵的宝石。但是美中不足，在红宝石的侧面，有一道肉眼难以看到的细小裂痕。尽管是极其细小的瑕疵，却使得价值连城的宝石身价陡跌，同时也失去了镶嵌在英国王冠上的机会。

一个善于观察和思考的人，面对很细小的自然现象也会产生巨大的灵感。比萨大教堂屋顶的吊灯常常左摇右晃的摆动，这是件很自然的小事，不会引起人们特别的关注。可伽利略却从那有规律的摇摆中得到了灵感，于是就有了钟摆的诞生。大发明家爱迪生，一生发明不计其数，他那众多的发明也都源于小事带来的灵感。

在一般人看来，一个人只要有足够的能力就行了，性格上的放纵、急躁、犹豫不决等都是不值一提的小毛病，无伤大雅。事实上，就是这些小毛病毁掉了他们的整个人生，让

他们一生碌碌无为，平庸终老。

　　即使是最亲密无间的朋友，说话的时候也要注意方式和分寸，也许你说的是一句冲动的气话，但往往会深深地刺伤对方，摧毁友谊，拉开彼此间的距离。如果是在外交上，外交官误用一个词语，有可能就会影响正常的邦交，甚至引发一场战争；账单上如果少写一个零，就可以使公司元气大伤，甚至关门大吉；试卷上的一个拼写错误，也会导致一名优秀的学生无法进入自己心仪的大学深造，甚至因为这一个小小的错误名落孙山。

　　有些重大成功的取得，却是因为细微的调整。迈克尔·安吉罗为一位富翁制作雕像。富翁抱怨着："迈克尔先生，你的工作似乎毫无进展啊，这个雕像和上次我看到的一模一样。""雕像一直在改变着，先生，你看他的胳膊变光了一点，肌肉更加突出了一些，嘴唇也有了特殊的效果，眼睛更是充满了神采，这些不都是变化吗先生？"迈克尔回答。富翁不屑地说："可这些改变都是那么的微不足道，是你在找借口吧？""正是因为这些细微的变动，才让这座雕像更加生动逼真啊！也正是这些细微的变动，才使艺术家的

作品成了杰作。而一旦那件物品成了杰作，人们就不会觉得这些变动微不足道了。"迈克尔不卑不亢地回答说。

望远镜的发明，是因为几个孩子的调皮。那几个孩子在玩耍时常常把几副眼镜叠在一起，并告诉大人这样可以看到更远的景物。正是他们的小调皮启迪了大人，有了伟大的发明。小孩子总是喜欢透过碎玻璃片看东西，这给人们带来了灵感，启发了万花筒的发明。

一天与一生相比太渺小，但就是无数的每一天构成了我们的人生。因此，浪费一天的时间，就是在荒废整个人生。

我们生活中的快乐往往是由一些小事构成的：几句温暖人心的话语、一封热情洋溢的信、一句温馨的祝福、一个甜美的微笑等。

拿破仑是欧洲历史上最伟大的军事家，他的成功源于他对小事的认真，他是个处理小事的能手。大家都知道拿破仑可以记住无数士兵的名字，有些人只认为是他的记忆力好，其实在拿破仑眼里，每一个士兵和每一件小事都是极其重要的。他要求了解军队的一切状况：粮食的分发、马匹草料的供应、士兵的装束和住宿条件等。当冲锋号角响起时，军官

们都可以按照拿破仑的指令准确到达指挥地点。拿破仑还为自己的每次视察规定了精确的时间表，包括到达和离开的时间、下车的地点等，这让他每次都可以准时到达视察地点。拿破仑成功策划了澳大利亚之战，这场战役具有历史性的意义，它奠定了法国在欧洲政治格局中的地位。拿破仑对下属十分严格，一旦有军官迟到或者缺席，就必须交上一份详细的报告解释清楚。报告书一旦交上来，不管自己有多忙，拿破仑都会马上认真阅读。他曾开玩笑说："我对军官的在意和重视经常会引起女朋友的嫉妒。"

惠灵顿将军也非常注重细节，在他的人生字典里从来就没有"小事"二字，他往往更关注那些貌似平常的小事。他说："前人失败的最大原因就是'忽略细节'。"很多律师就是因为忽略了当事人提供的重要细节，而错失了最关键的证据，或者为当事人辩护的话语模棱两可，最终导致了败诉，输掉了官司。

正当克伦威尔准备移居美国时，政府却颁布了禁止移民的法令。因为自己一直挥金似土，到那时已经一无所有了。在知

道自己不可能去美国后，他下决心改变生活状态。假如当时他真的去了美国，那么大不列颠王国的历史就要重写了。

无数的事例证明，那些看似不重要的小事往往孕育了重大事件的发生。达尔文提出了伟大的进化论，是因为他在日常观察中得到了大量有用的信息；一锅水和两只温度计，就帮助布莱特博士发现了内热；一个三棱镜、一个镜片和一张纸，就帮助牛顿发现了光谱和光波。

沃拉斯顿博士有众多伟大的发现，一位有名的外国学者对此感到十分的好奇，所以想去拜访他的实验室，想看看那个神奇的地方。沃拉斯顿博士爽快地答应了，把他带到一间小屋前，只见屋里摆着一张桌子，上面有几个茶杯、几个玻璃烧杯、一个天平和一个吹气管，还有几张草稿纸。博士微笑着说："请进，这就是我的实验室。"

自然界有这样一条定律：浪费越少，收获越多。所有的生命都是由微小的细胞组成的。积小流成江河，积跬步至千里，没有什么是微不足道的。

人们总是喜欢炫耀自己的优点，并为此而沾沾自喜，对自己的缺点却从不正视，甚至避而不谈，其实缺点才是衡量优点的标尺，绝对不可忽视。人人都想获取成功，远离失

败，但失败是成功之母，只有重视失败，学会总结经验，才可能会获得成功。

假如琵琶上有小小的裂痕，它都会走调、变音，最后会完全失去音色，直至完全被毁；经过枪林弹雨考验的士兵，却有可能因为不小心被针扎了一下而丧生；能够躲过风浪暗礁的大船，却可能因为蛀虫的咬噬而沉入水底。

一天之计始于晨，早上见面时，彼此亲切的问候会给人带来一整天的好心情。一个微笑、一声鼓励，更会让消沉者重拾自信，甚至可以改变一个人的一生。这些都是轻而易举的事情，何乐而不为呢？

第二章

加强自我修炼

轻视别人就是蔑视自己

　　伟大的哲学家苏格拉底是一个谦虚低调的人，而他的妻子却是一个泼辣的悍妇，常常无缘无故地辱骂苏格拉底。

　　有一次，苏格拉底正在和学生们讨论学术问题，互相争论的时候，他的妻子气冲冲地跑进来，把苏格拉底大骂了一顿之后，又从外面提来一桶水，猛地泼到苏格拉底身上。在场的学生们都以为苏格拉底会怒斥妻子一顿，哪知苏格拉底摸了摸浑身湿透的衣服，风趣地说："我知道，打雷以后，必定会有大雨的！"

　　我们习惯了把自己当成一个坐标，借此来评判周边的

人。然而，总有人比你强，也总是有人会比你弱，所以你无须自卑到一无是处，也无须伟大到目中无人，做人还是谦虚一些为好。

历史上，土耳其人同希腊人的斗争一直持续了几个世纪。直到1922年，土耳其终于下定决心，要把希腊人彻底逐出土耳其的领土。在战斗之前，土耳其的统帅凯末尔发表了一片慷慨激昂的演说，最后他对手下将士们说："不停地进攻，你们的目的地是地中海！"

最终，胜利果实真属于了土耳其，希腊的两位将领被迫前往凯末尔总部接受投降。土耳其士兵对这两位将领恨之入骨，对他们大声辱骂。但凯末尔却丝毫没有表现出胜利的骄傲，他握住两位将领的手说："请坐，两位先生，你们一定走累了。"

在讨论了投降的有关细节之后，凯末尔没有鄙视着两位失败者，反而安慰起他们。他以军人对军人的口气说："两位先生，战争中有许多偶然情况。有时最优秀的军人也会打败仗。"此时，两位将领都对凯末尔产生了深深的敬佩之情，输得心服口服。

　　每个人都有尊严，无论是地位显赫的人，还是地位卑微的人。我们常常忽略那些失败者和那些弱势群体。缘于自己的优越感，我们常常轻视他人，伤害他们的自尊心，抹杀他人的情感，却又不以为然。

　　扪心自问，这种行为是多么刻薄，这种心态是多么可耻啊！因此，即使你们很优秀，也千万不要轻视他人，这样你们才会被他人所尊敬。

　　你渴望成长为受人尊敬的男子汉，渴望成为被人拥戴和敬仰的人，要知道，想要受人尊敬，不仅仅依靠突出的成就，更要依靠突出的人格。

　　也许我们年少有成，也许我们比别人表现得更加出色，但是我们没有任何理由瞧不起别人，也没有任何理由在贬低别人的过程中彰显自己的地位和能力。

　　真正的男子汉懂得尊重身边的每一个人，也懂得尊重每一个对手。他们懂得何时应该在高傲中挺起胸膛，也懂得何时应该在谦卑中低头。他们不会因为别人的强大变得卑微，也不会因为别人的卑微而变得强大。相反，当他们变得谦卑时，反而更加有魅力。

制怒

俗话说，气大伤身。怒气会使一个人性格变得急躁，如果怀有怒气做事，不但很容易因为一点小摩擦与人发生冲突，而且还会影响到我们的身体健康。

一位医师曾说："愤怒不止的话，长期性的高血压和心脏病就会随之而来。"

美国芝加哥市有一位餐厅老板，一次，他看到他的厨师用茶碟喝咖啡时非常生气，发疯似的抓起一把手枪去追赶那个厨师，结果他的心脏病发作了，剧烈的疼痛迫使他扭动着身躯转了一圈后倒地身亡。

当一个人怀有怒气去做事的时候，就如同一个丧失理智的士兵，没等敌人把他打垮，他就被自己发出的怒火"烧伤"。在如今这个竞争激烈的社会，为了使自己能够立足，人们一直都在与对手竞争，可在这期间，一定要牢记一点，无论在任何时候都不要怀有怒气去"战斗"，因为怒气会使人丧失理智，在丧失理智的情况下，是很难取得胜利的。

　　虽然我国古代有"哀兵必胜"一说，但满怀怒气、丧失理智的哀兵未必就能取胜。三国时期，一心要急于为关羽报仇的刘备，心怀怒火，倾全国之力，大举兴兵攻打东吴，而最终落得兵败早死的下场。

　　219年，关羽死后刘备痛苦不已，对东吴仇恨有加。粗鲁的张飞鞭挞部下范疆、张达，二人刺死张飞投吴。这让处在悲痛中的刘备痛上加痛，恨上加恨。他不顾群臣苦劝，兴兵伐吴。以怒兴师，恃强冒进，在战略上犯了兵家大忌。开始时连胜东吴。孙权派使者求和，刘备斩之，孙权只好拜陆逊为大都督，那个聪明的陆逊坚守不战，以待蜀军兵疲意沮。而后火烧连营，大获全胜。刘备败走白帝城，伤感懊悔而病，临终前托孤于诸葛亮。

　　在历史学家看来，这是一场不会有好结果的战争。刘备

一意孤行，不听诸葛亮事前调兵部署，结果蜀军几乎全军覆灭，在卫兵的死拼保护之下，刘备才捡了一条命，但从此忧郁攻心、一病不起，撒手西去。

冲动是魔鬼，愤怒总是会使人们变得冲动、丧失理智。无论受到了多大的委屈，我们都不要让怒火在我们心中燃起，要静下心来，理智地、冷静地看待问题，只有在理智的情况下，才可以对事情做出正确的判断，才能拿出最好的解决办法，从而顺利地将所遇到的矛盾化解。

一位老人退休后在乡下买了一座宅院，准备在这里安享晚年。这座宅院处于乡下的一座小山下，周围的环境非常优美，安静的生活让老人觉得很舒服。

可没过多久，安逸的生活就被三个调皮的男孩打破了。这三个男孩一连几天都在附近踢所有的垃圾桶，吵得老人无法好好地休息。老人实在受不了踢垃圾桶发出的噪音，于是，他主动去和那三个男孩攀谈。

"伙计们，你们几个是不是玩得非常高兴呀！"他温和地说，"如果你们能够坚持每天都到这里来踢垃圾桶，我愿意给你们一块钱作为奖赏，你们认为怎么样？"

　　三个男孩听了老人的话非常高兴，心想天下居然会有这样的好事，我们不但可以在这里娱乐，还能拿到钱，真是太好了。

　　于是，他们每天都会来这里踢垃圾桶。几天后，老人满面愁容地找到这三个男孩说：“通货膨胀使我的收入减少，从现在起，我只能付给你们每天五角钱了。”

　　三个男孩听后虽然有些不高兴，可这个结果还是能够接受的，于是他们继续踢着垃圾桶。

　　又过了几天，老人再次找到了他们，抱歉地说：“实在对不起，我最近没有收到养老金，所以我只能每天付给你们两角五分钱，这样可以吗？”

　　“什么？每天只有两角五分钱，这实在是太少了，无论怎样我们都无法接受，你去找别人踢这该死的垃圾桶吧！”说完，三人气冲冲地离开了。

　　生活恢复了以往的安静，老人再也没有听到踢垃圾桶发出的噪音，他又开始可安逸地生活了。

　　遇事不发怒，人们就可以保持冷静的头脑，便会理智地处理遇到的困难。假如上面故事中的老人愤怒地责骂三个

男孩，会是什么结果呢？他们逆反心理强，会变本加厉地折腾，老人就苦不堪言了。

英格索尔说："愤怒将理智的灯吹灭，所以在考虑解决一个重大问题时，要心平气和，头脑冷静。"

任何人都会发怒，特别是在丧失理智的时候，但并不是所有的人都能控制住自己的怒火。那些在发怒后能及时冷静下来的人才是真正的聪明人。没有什么比理解和宽容更能让一个人理智，千万不要因为别人的批评或责怪而燃起自己的怒火，这样最终受到伤害的只能是自己。

有一位知名的大学教授，他不但以显赫的学术成就享誉社会，其个人修养与待人技巧，同样深得好评。有人曾问过他，为何能把人际关系处理得那么好？难道您从来都不会生别人的气吗？这位教授说："当然会啊！但我有个习惯，那就是：每当我愤怒之时，就闭口不言；即使说话，也绝不超过三句！"这个人很好奇，于是询问究竟。他笑着回答说："当一个人生气时，往往会失去理智，容易意气用事，讲出来的大多是'气话'，甚至是'错话''脏话'，就会使局面更糟。所以，为了不让怒气坏了理智，在恼火的时候，我宁可让自己尽量少说话！"

　　是的，人在生气的时候，多半讲不出什么"好话"。与其等局面变得难以收场以后而懊悔不及，还不如早些选择沉默不语。

　　崇高的情感，是一个要成为真正有教养的人所必需的。凡是没有高尚感情的人，就是一个邪恶的人。控制自己的怒火，是使自己成为一个有教养的人的先决条件之一。

　　美国政治家托马斯·杰斐逊说："在你生气的时候，如果你要讲话，先从1数到10；假如你非常愤怒，那就先数到100，然后再讲话。"当我们心怀愤怒的时候，不妨等到情绪有所好转的时候，再与别人进行沟通。如果我们能这样做，只是多付出了一点儿时间，却能收获更好的结果。

宽容

　　一个人不可能只得到别人的赞美，即使你非常出色，也避免不了遭遇一些批评。而批评中难免有恶意的，很多人会因为受到恶意的批评后，便失去了原有的自信，甚至怀疑自己所做的事情是否正确，并开始质疑自己的能力。这样一来，无法集中精力去做事，原本很有把握的事也会搞砸。

　　任何一个成功者都不会因为受到别人的一些影响而放弃自己追求的目标，更不会被一些讽刺和批评所左右。面对别人恶意的语言，他们会一笑了之，并且用行动证明自己是正确的。但很多人不能做到这样，他们似乎不是在为自己而

活，而是为别人的态度而活。

在人类的行为中，有一条基本原则，如果你遵循它，就会为自己带来快乐，而如果你违背了它，就会陷入无止境的挫折中。这条法则就是："尊重他人，满足对方的自我成就感。"正如杜威教授曾说的：人们最迫切的愿望，就是希望自己能受到别人的重视。就是这股力量促使人类创造了文明。如果你希望别人喜欢你，就要抓住其中的诀窍：了解对方的兴趣，针对他所喜欢的话题与他聊天。你希望周围的人喜欢你，你希望自己的观点被人采纳，你渴望听到真正的赞美，你希望别人重视你……然而，己所不欲，勿施于人。那么让我们自己先来遵守这条法则：你希望别人怎么待你，你就先怎么待别人。

千万不要等你事业有成，干了大事业后再开始奉行这条法则，因为那样你永远不会成功。相反，只要你随时随地遵循它，它就会为你带来神奇的效果。

王小平是国际企业战略网调研部的一位员工，有一次，她受部门经理的安排要给一家大型公司做市场报告，她在接到部门经理的安排后，就开始着手这方面的工作。为了在规定的时间内完成工作，她知道，她所要的资料只有从这家公

司的董事长那儿才能获得，于是她就前去拜访这位董事长。当她走进办公室时，一位女秘书从另一扇门中探出头来对董事长说："董事长，今天音乐会的票已经售光了。"

"我儿子很想看明天晚上7点要在国家大剧院的音乐会，我正在想办法为我儿子买票呢！"董事长对王小平解释道。

那次谈话很不成功，董事长不愿意提供任何资料。王小平回来后，感到无比沮丧。然而幸运的是他记住了女秘书和董事长所说的话，于是她就到了国际企业战略网公关部，问她们是否有明天晚上7点国家大剧院的音乐会门票。出乎意料的是，公关部的一位员工满足了她的要求。

第二天王小平又去了，她到了前台，给董事长打电话说，她要送给董事长的儿子一张今天晚上7点在国家大剧院演出的音乐会门票。董事长高兴极了，用王小平的原话说："即使参加奥运会开幕式也没有这样激动！他紧紧地握住我的手，满脸笑容说：'噢，王小姐！谢谢你，我的儿子一定高兴极了，我敢相信当他知道我已经找到了这张门票的时候，他一定会非常兴奋！'董事长不断地说着感谢的话，兴

奋地把门票放在自己的嘴上亲了亲。"

整整10分钟，他们都在谈论着这张门票。然后，没等王小平提醒，董事长就把她需要的资料全都提供给了她。不仅如此，董事长还打电话找人来，把其他的一些相关事实、数据、报告、信件全部提供给了王小平。

我国明代文学家屠隆在《续娑罗馆清言》说：情尘既尽，心镜遂明，外影何如内照；幻泡一消，性珠自朗，世瑶原是家珍。意思是说，只要放下对尘世的眷恋之情，那么心灵之镜就会明亮澄澈，从外部关注自己的形象，不如从内部进行自我省察，驱除庸俗的念头；只要看破实质，打消对如梦幻泡影一样的世事的执着之念，那么自身天性就会像明珠一样晶莹剔透，熠熠生辉，要做世间少有的通达超脱之人，最关键的还是要保护好自家内心的那一份淡然。

美国著名总统林肯就把那些对自己刻薄恶意的批评写成一段话，这段话被后来的英国首相丘吉尔裱挂在了自己的书房里。林肯的这段话是这样说的："对于所有恶意批评的言论，如果我对它们回答的时间远远超过我研究它的时间，我们恐怕要关门大吉了。我将尽自己最大的努力，做自己认为是最好的，而且一直坚持到终点。如果结果证明我是对的，

那些恶意批评便可不去计较；反之，我是错的，即使有十个天使为我辩护也是枉然啊！"

人人都有发表批评意见的权利，不管是对还是错，这是你不能阻止的。有时"旁观者未必清"，他们的批评和立场是以他们自己的观点来说事，要排除这些不公正的恶意批评对自己的心情的影响。

美国总统罗斯福的夫人曾经这样告诉成人教育家卡耐基：她在白宫里一直奉行的做事准则就是"只要做你心里认为是对的事"，反正是要受到批评的，做也该死，不做也该死，那就尽可能去做自己认为应该做的事情，对一切非议一笑了之，再也不去想它。这才是做事情成功的关键。

不要与人斗气

在工作中，我们每一个人都希望受到他人重视、尊重和欢迎，但偏偏难免有时又会被人嘲弄、受人侮辱、被人排挤……工作给了我们报酬的同时，更给了我们很多伤心与不满。

在工作中，难免要与他人磕磕碰碰，但如果一味地不理智，工作不开心不说，说不准工作会遭殃。我工作着，我快乐着，就要能够很坦然地面对发生的一切，不要为一点小事火上心头。很多时候，发怒的人往往都是因为自己的小肚鸡肠，为小事去斤斤计较，于是在他们身边便经常发生一些你死我活的激烈斗争。当然，也有的为争职位的高低，有的是

争薪水的多少，还有的是为争风吃醋……不论是哪一种，生气，是对自己工作的一种摧残，它会使人一味地工作在抱怨和苦恼中。有的人还会因此大声地哭诉着上司对他的不公，长期沉溺其中不能自拔，终日被泪水和无奈的情绪包围着。其实，这样的人是在与自己斗气。

仔细想来，生气往往就是用抱怨、折磨的方式惩罚自己，这只能徒增自己的痛苦，只会让自己坠落到更深更惨的深渊罢了。因此，要心平气和地面对工作中一切不顺的事，并积极地使自己做得更好，用自己的乐观和智慧化解烦恼。也只有这样，一个人才能积极进步，每一天都过得充足而快乐，富有激情。

在工作中，我们常常会看到这样一些人，他们往往会因一时之气，说出这样的话：

"我不为五斗米折腰，我不干了！"

"这个破工作，我不干了！"

"这事不公平，我不干了。"

可是，一句"我不干了"的话，它不能保全你已丧失的人格，不能换回他人对你的尊敬，不会为你带来更高的收入和更多的财富……夫妻斗气，会妨碍家庭幸福；同事斗

气，会荒废工作；公司斗气，会互相毁灭；国家斗气，会引发战争。人为斗气而投入时间、精力、金钱，得到的可能是伤心、伤身和颓废，于是聪明的人是不会用斗气去解决问题的。所以，人在不顺心的时候，我们就要把那些倔气、脾气和傲气这些令自己斗气的因素都收敛起来，鼓足力气去争气，这样，你的生活会是另一个样子。

儿子烦闷地对父亲说："我要离开这家破公司，我恨这个公司！"

父亲建议道："我举双手赞成你报复！一定要给公司点颜色看看。不过你现在离开，还不是最好的时机。"

儿子问："为什么？"

父亲说："如果你现在走，公司的损失并不大。你应该趁在公司的机会，拼命去为自己拉一些客户，成为公司独挡一面的人物，然后带着这些客户突然离开公司，公司才会受到重大损失。"

儿子觉得父亲说得非常在理。于是努力工作，事遂所愿，半年多的努力工作后，他有了许多忠实的客户。

这时，父亲对儿子说："现在是时机了，要辞职就赶快

行动。"

儿子淡然笑道："老总跟我长谈过，准备升我做总经理助理，我暂时没有离开的打算了。"其实，这也正是父亲的初衷。

所以，最好办法就是不与工作中苍白的部分去斗气，而是自己争气，想办法去做好一天中该做的事。这样，在知识、智慧和实力上，使自己每一天都能有所成长，自己的实力会在每一天的激励中逐渐强大。此所谓斗气不如争气，这会让自己做得更好。以自身发展来强大自己，完成自我的辉煌，这就在客观上已经斗败了"对手"。

人争一口气，佛争一炷香。只有争气才不会被人看淡看扁，命运是掌握在你自己手里，一个人如果把精力总是用在互相攻讦，互相排挤，这样最后会两败俱伤。所以英文中生气是Anger，危险是Danger。生气与危险只有一字之差，若一味沉于生气中，即是站立在危险的边缘了，稍有不慎将会坠入无底深渊而万劫不复。

《三国演义》中的曹操是一代枭雄，当他兵败华容道时，前有关羽拦截，后有追兵，情况异常险恶，稍有不慎就会被生擒活捉或被诛杀于马下。但曹操毕竟是见识过大阵势

的人，他不甘心被活捉，更不情愿血染沙场。他深谙关羽有爱讲江湖哥们义气这一弱点，脑瓜一转进而声泪俱下，苦苦哀求关云长放他一马，最终险处逃生。

　　曹操如果当时以英雄自居——英雄是不会轻易屈服的，总讲"脑袋丢了碗大的疤"的豪气，他就会蛮冲蛮杀。如此，曹操的结局就是另一回事了。的确，斗气往往是人很自然的反应，可是斗气只能带给人一时心理的发泄，但对工作并没什么实质性的帮助。因此，在遇到一些事的时候，要学会与生活斗智。在面对困局时，自己应多动脑筋，善于筹划出良策妙计来破解难题，这样才能使事情发生逆转，向好的方向发展。

　　生气只是对工作无奈的发泄，争气却能将工作做好；生气伤身，丑化灵魂；而争气补益，健全心智。斗气会使人气度变小，忘记了"气"之外还有更重要的事和更广大的天地。所以，"斗气，智者不为也！"

不要太敏感

过于敏感常产生于性格内向、心胸不够宽广者，他们总爱以想当然去观察周围的人和事，并自以为是，结果心里总有难解的一堆乱麻。过于敏感是一种不良的心理素质，如不加以克服，不仅会影响工作、学习，还会影响身心健康，造成人际关系紧张。

首先，不要妄加推测别人对你的评价。在日常生活中，要用平常的心态和信任的眼光看待周围的人和事，不要总觉得时时处处都有人在注意你，认为别人和你作对，把一般事看得过大。

其次，期望值要适度。过于敏感的人，往往心理压力过大，急于追求成功，而常常又遭受一些磨难和挫折。因此，你每做一件事，在确定目标、对预期结果进行设想时，注意不要把期望值定得过高，要把各种不利的因素充分考虑进去，留有一定的余地。

第三，心胸要宽广。遇事应乐观一些，大度一些。每天将自己陷在烦恼的琐事之中，又怎么能有精力去干一番事业呢？

小史是一位公司职员。前不久，公司经理在职工会议上不点名地批评了一些不好的现象，小史认为是对着自己来的。于是，小史饭也吃不好，觉也睡不好，闹得身心疲惫。

小史的这种经历，许多人也曾有过。这在心理学上称为"神经质"。虽然它不是什么大毛病，但这种过于敏感常给人带来不愉快的情绪，甚至烦恼。

"神经质"的人心里总有难解的一团乱麻；也有的人是因为追求成功的愿望太迫切，致使对人对事都很敏感，过分看重别人对自己的评价，往往将一些鸡毛蒜皮的小事总存在心里，患得患失，斤斤计较。

过于敏感是一种不良的心理素质，如不加以克服，不仅会影响工作、学习，还会影响身心健康，造成人际关系紧

张。

要克服"神经质"，首先不要妄加推测别人对自己的评价。不要总觉得时时处处都有人在注意你，认为别人在和你作对，把小事看得过大或把自己幻想出来的感觉当成真事，免得为自己增加不必要的心理压力。

性格内向的李小姐觉得自己是个喜欢独处的人，不能很好地融入集体中，对在工作中如何才能处理好人际关系方面的问题非常苦恼。她该怎么办？

每个企业都有自己的优势和劣势，每个同事都有独特的优点和缺点，要多看到企业能够给你的一面，看到企业和周围同事能让你学到的东西，这样就会干劲十足。最重要的是学会忍耐，千万不要用你的习惯去改变环境，而是要学会入乡随俗，适应新的环境。不管进入的公司如何，只有两个选择：要么在忍耐中逐步快速融入，快速了解公司环境、上级、同事，最后，在企业对你认识和了解后，找到你适合的位置；要么就是走人。在竞争如此激烈的今天，在自己还没有任何工作经验的时候，显然，前者更加可行。所以，要学会磨练自己的心理素质，包括认知素质、情感素质、意志素质与个性素质。在这些素质中，认知素质影响人的智力发展

水平、思维水平，情感素质、意志素质影响个人的成就动机、情绪的管理水平，个性素质影响人的气质和人格特征。

　　如果你认为在工作的时候只有你独自处理才能保持很高的工作效率，并且你的同事也这么认为的话，你就不必勉强自己非与他人合作。只是在工作不是很紧张的情况下，试着与同事们合作一下，也许你会惊喜地发现"团结就是力量"的说法真的是很有道理的。总之，要走出自闭，搞好人际关系就要勇于尝试。

　　小萌毕业后，来到一家中型企业工作，在同学中，算是出来较早的一个。刚来那几天，充满着好奇，充满着骄傲。可是没几天，开始不喜欢这个企业了，觉得与自己理想中的企业相差太远，好多事情都与自己设想的不一样。说管理正规吧，自己看还有好多漏洞，说不正规吧，劳动纪律抓得又太严，自己觉得很不舒服。于是，心态变坏，感到不愉快。与一个同来的伙伴常发牢骚，说：这个企业怎么浑身是毛病，干着真没意思。不知怎么传到上司耳朵里，还没等到小萌对这个企业真正有所认识，就被炒了鱿鱼。开始小萌还满不在乎，觉得反正自己也没看好他们，走了无所谓，可是，

当她再次在求职大军中奔波了三个月，还没找到好于这样"浑身是毛病"的企业的时候，她心中才感到有些后悔，心想如果下次再有类似那个公司的企业接纳自己，一定接受教训，好好干。

在工作以外，生活中你清高也好，孤傲也罢，喜欢独处是你个人的事情，别人无权干涉。但在工作中，不得不与人打交道，所以必须学会改变自己，尝试主动与同事们多交流、沟通，最大限度地求同存异，尽可能地融入集体中。这样不但有利于提高单位的工作效率，也有利于你个人才能的尽情发挥。其实做到与同事打成一片并不难，只要你待人真诚、友善，就会发现原来每个人都十分渴望被别人接受和了解，渴望他人的友爱和帮助。

一个篱笆三个桩，一个好汉三个帮。人际关系，在工作和生活中都起着十分重要的作用。你现在对人际关系的畏惧心理可能是多年积累的结果，虽然很难在短时间内改变，但你还是要鼓足勇气，以积极的态度去面对同事。平时多观察他们之间是怎样交流和沟通的，然后你至少可以学着他们的样子谈论一些既轻松又能让大家感兴趣的话题。乐于助人也是与人交往中很容易做到且能够获得他人好感的办法。在自

己力所能及的范围内，为身边的同事解决一些小困难，你会在不知不觉中就与大家融在一起。

来到一个新的单位，最重要的是心态要好、迅速适应企业、融入企业。很多新人在进入公司后，会被分配到一些不是很适合自己、自己不擅长的位置，或者用学生的眼光看待企业，接受不了企业的规章制度，或者用书本上学到的管理知识来套企业现状，都使自己心态变坏，没有耐心去了解企业和被企业了解。如果一上班就看到企业这里不好，那里不足，就看到上司太严厉、同事不热情，还忍耐不住说出来，那就惨了，那就会与企业和同事都格格不入，被上司纳入试用期不合格而把你剥离出局。

小琳从外貌到学习都很不错，性格直爽，开朗活泼。可是，工作后，直爽成了缺点，在给主管提了点意见后，明显感到得罪了那个老人们都叫"巴婆"的女主管。整天面对脸色乌云密布的主管，觉得在主管眼中，她都没有对的地方。心中虽然也知道自己大事不妙，在试用期出错，等于宣布了职位的死刑，可是不知道如何才能挽回。她好想走掉算了，可又舍不得这个不错的企业。小琳首先与自己的师傅们沟

通，虚心讨教妙招。在老人们的指点下，她主动找主管承认错误，希望她能原谅，给自己机会。通过与主管沟通，主管的脸色虽然还没有多云转晴，可是小琳已经从试用期死刑改为延长试用期了。小琳也明显感到，这个面包干一般的女主管，心肠原来也是很热的。要是真的走掉了，双方将永远失去相互了解和理解的机会。

年轻人容易将事情看得简单而理想化，在跨出大学校门之前，都对未来充满憧憬，初出校门的大学生不能适应新环境，还喜欢提上几毛钱合理化建议。以至于碰了壁还莫名其妙、不知所措，往往又会产生一种失落感，感到处处不如意、事事不顺心。

职场新兵应该清楚，公司是要你工作的地方，不是学校，一切要服从上司的安排。"金无足赤，人无完人"，再好的上司也不可能有你想象的那么完美。对上司先尊重后磨合、对同事多理解慎支持，与上司和同事多沟通、相互多了解，这样就配合默契，不容易产生误会。少看领导的缺点，不管他的缺点多少，他现在就在决定你的命运。学会忍耐是上策，学会妥协，向职场妥协、向现实妥协。将会柳暗花明、峰回路转。委屈的泪水，难解的困惑，会凝结出辛酸的

经验，使你成熟、理智，获得的积累将是你职业生涯中一笔宝贵的财富，使你求得机遇，求得发展。

　　当身边的环境发生改变时，你能否很及时地察觉到。察觉只是一个方面，还要积极地适应环境的变化。当环境发生改变时，每个人都会有些紧张。但适应能力较强的人很快就能适应，并在新环境下高效率地工作，而适应能力较差的人则焦虑不安，甚至心悸、失眠，无法工作。

　　周围的环境发生改变时，你能否沉着冷静，承受来自外部的压力。每个人对挫折的承受力都是不同的。比如，在面对亲人遇难时，有些人表现得悲痛欲绝，无法自制；有些人虽然心情沉痛，但是表面上还是很冷静，能够很好地控制自己的行为。

拯救自己

　　有一个小男孩，因为母亲是个婢女，身份微贱，他父亲不喜欢他，总认为他没有出息，兄弟们也讨厌他，没人跟他玩。甚至他父亲把他当做奴仆，让他和奴仆一起在马厩干活。他就是唐朝的大文学家苏颋。

　　苏颋在这样的环境中没有自暴自弃，他知道知识可以改变命运，于是他就拼命地读书。兄弟们在书房里念书，他就利用晚上的时间在马棚里发愤读书。白天干了一天的活儿，晚上别人都睡了，他却仍然在昏暗的灯下苦读。夏天蚊子

咬，冬天北风吹，他从不间断学习。这样的勤奋刻苦加上苏颋天生聪明敏捷，很快他的知识水平就超出了同龄的孩子。

有一天，有客人来找他的父亲，在客厅等候的时候，苏颋正好拿着扫帚从庭院经过，从身上遗落了一纸文书。客人捡起来看，发现是咏唱昆仑奴的，有词云"指头十挺墨，耳朵两张匙"。客人感到奇异，见到苏颋后问："刚才的那人是谁？是不是你宗族的庶子？这样的人如果你加以礼遇，供他读书，今后一定会成为苏氏的令子的。"他的父亲这才发觉被自己忽视多年的儿子原来这么有才，于是从此对其疼爱有加，供其好好读书，不再把他当奴仆看待。

有了良好的条件，苏颋更加努力学习，进步很快。在武则天执政时考中了进士，20岁便当上了宰相，被封为许国公。

我们并不是一生下来就功成名就的，人生路也不是一直一帆风顺的，很多时候，我们会遭到不公正的待遇，遇到种种坎坷和挫折。可是，不管别人如何看待我们，我们在自己内心深处，都不要将自己抛弃，都要时刻看得起自己。只有自己先看起自己，才能让别人对自己尊重，也才能拯救自己，做出一番事业。

　　我的父亲就是这样一个人，他从小没了母亲，后来又遭到继母的百般虐待，成家后又一无所有。但是在如此贫困的条件下，父亲凭着自己不服输的毅力自学了木工，也渐渐脱离了贫穷，在村里首先盖起了新瓦房，置办了新家具。

　　当时，父亲没有兄弟姐妹，更没有父母的相助，相反，父亲的继母还在一旁说风凉话，甚至从中阻挠，极力希望父亲贫穷潦倒下去，她甚至对别人说："就盼着他这一家人过不成。"父亲听后甚为气愤，没想到她会说出如此狠毒的话。但是父亲忍受火气，默默地在心里告诉自己一定要活出个样子给这个女人看。当时，父亲先在村里给别人干活，挣一份微薄的工钱养活一家老小。

　　后来，他开始寻找更高的出路，他打算做家具生意，但是他一没本钱，二没人力，自己更是连扎凳子都不会。但是父亲决心已定，就顶着种种压力干了起来。没有人教，他就看着别人做的仔细琢磨，每学一件家具，他都不知拆了多少遍，思考了多少遍。从打线到裁料，他都是自己动脑去学。也许是父亲有这个天赋，没过多久，父亲就学会了做家具，而且手工比其他人还要细致。木工活儿全在一个"细"字，细致了才能做出精品。就这样，父亲靠着自己的拼搏和好学，慢慢地做起了家具生意。后来，来找他做家具的人越来越多，生意越来越好。

父亲拯救了自己，脱离了贫苦的日子。父亲由一无所有到发家致富，在既无资金又无人力的条件下开创了事业的辉煌，靠的全是他一个人的力量，这不能不说是他自己拯救自己的精神使然。

求学时，班上有一个男孩非常聪明可也极为调皮，不好好学习，还总是捣乱，老师不喜欢，同学不喜欢，这样一个孩子被公认为毫无希望升学的人。高一时，他还是个好学生，上课认真听课，按时完成作业，团结同学，成绩总在班级前三名。高二时，他上课说话，打架斗殴，不写作业，不交试卷，很多老师都对他失去了信心，不再对其管教。成绩一落千丈。高三时，有一次，他上课时趴在课桌睡大觉，被正在讲课的历史老师发现了，也许是历史老师今天心情不好，总之，历史老师这次没有放过他。历史老师气呼呼地走到他面前，把他推醒，他并不低头认错，反而气焰嚣张，

历史老师一气之下打了他两个耳光。当着这么多同学的面打人，历史老师还是头一次，此时，他才意识到什么叫做丢人现眼，羞愧难当的他一下子冲出教室，许久没有回来。

我们都认为他这次肯定是不会再回来了，这样一个既没有升学希望又丢了面子的人回来还有什么劲呢？可是，没过几天，我们就见他重新回到自己的座位上，而且从此不再上课睡觉，不再不做作业，也不再打架斗殴。而且在一次次的模拟考试中，成绩不断攀升，后来高考时，他考上了北京师范大学。

从一个调皮捣蛋的坏孩子到一个考上名牌大学的优等生，这中间的转变是巨大的，那么是谁使他发生了这么大的转变呢？是那个历史老师吗？还是他自己？后来这名学生在毕业典礼上这样说："当初我知道自己是不受欢迎的，无论是成绩还是品德，我都不能算个好学生，可是，只有我自己清楚，我内心那种变好的渴望是多么强烈。正是历史老师的巴掌，让我懂得了什么叫落后就要挨打，从此我发誓一定要做出个样子来，一是给历史老师和同学们看，证明自己不是个孬种；二是给自己的灵魂看，让自己的心不后悔。"

　　拯救我们的只有我们自己，如果说那个历史老师让他看到了自己灵魂丑陋的话，但那也只是个诱因而已，关键还是他本身有一颗永不泯灭的向上的心。如果他没有拯救自己的心愿，即使挨更多的巴掌，也不会有所突破。

　　不管外界如何风云变幻，始终能够做到对自己永不放弃，抱着一颗坚强勇敢的心，这样的人生即使有再多的风雨也不会觉得受伤。能够从废墟中拯救自己的人才是真正的英雄。

　　世界冠军摩拉里从小就梦想有一天自己能够夺冠。1984年，一个机会出现了。他在自己擅长的游泳项目中，成为全世界最优秀的游泳者，但在洛杉矶奥运会上，他却只拿了亚军，冠军的梦想并没有实现。

　　这样的成绩对一个刚刚出道的孩子来说已经非常可喜了，可是志向远大的摩拉里并不满足，他的梦想是夺冠。于是摩拉里又重新回到游泳池，开始投入实际的训练中，这一次目标是1988年韩国汉城奥运金牌。没想到，他的梦想在奥运预选赛时就烟消云散，他竟然被淘汰了。

　　此时，摩拉里变得很沮丧。之后他便把这份梦想深埋心中，跑到康乃尔去念律师学校。有三年的时间，他很少游

泳。可是心中始终有股烈焰，他无法抑制这份渴望。离1992年巴塞罗那奥运会比赛前不到一年的时间，摩拉里决定再孤注一掷一次。在这项属于年轻人的游泳赛中，他算是高龄，简直就是拿着枪矛戳风车的现代唐吉诃德，他想赢得百米蝶式泳赛的想法简直愚不可及。

此时，他的母亲因癌症而离世了，这对于他来说简直是雪上加霜，可是追悼母亲的精神加强了他的决心和意志，他在之后的训练中，不断地想起母亲的话："你要记住，拯救你的只有你自己。你永远都不要抛弃自己，不管别人怎么说，怎么做。"

结果令人惊讶的是，摩拉里不仅成为美国代表队成员，还赢得了初赛。他的纪录比世界纪录慢了一秒多，在竞赛中他势必要创造一个奇迹。

加强想象，增加意象训练，不停地训练，他在心中仔细规划赛程。直到后来，不用一分钟，他就将比赛从头到尾，像透澈水晶般仔细看过一遍。他的速度会占尽优势，他希望能超越自己的竞争者，一路领先。

预先想象了赛程，他就开始游了，而且最终他成功了。

那一天，他真地站在领奖台上，看着星条旗冉冉上升，美国国歌响起，颈上挂着令人骄傲的金牌。凭着他的积极心态，摩拉里将梦想化为胜利，美梦成真。

摩拉里并不因为理想的一次次破灭而放弃自己的梦想，在每一次失败的时候，他都能及时地拯救自己，不放弃，不绝望，终于成就了一代体育冠军。

有一则寓言故事也很好地说明了自己拯救自己的道理：

一条老狗跑出家门，不小心掉进一口枯井里，这口井实在太深，老狗怎么也跳不上来，它的主人也绞尽脑汁想办法。但是，几个小时过去了，老狗还在井里痛苦地狂吠着。最后，主人终于做了一个决定，那就是放弃，理由是这条狗年纪太大了，它年迈无力，体弱多病，打猎没有用，看家也没多大用处了，不值得大费力气去把它救出来。但鉴于老狗跟随主人这么多年的份上，主人终究还是不忍心的，他看着老狗老半天，终于眼含热泪离开了。可是，不久邻居就找上门来，要求主人把这口井填起来，以免再有类似的情况发生。于是，主人便请来左邻右舍帮忙一起将井填平，也把井里的老狗埋了，以免它更痛苦。

　　老狗在井底看着人们在上面这样忙活，心里明白自己的处境，它悲哀地看着主人，希望主人可以不要这样对待它。可是，主人也没有办法，最后主人和邻居们找来各种工具，开始将泥土铲进枯井中。泥土很快从上面掉下来，落在老狗的身上，内心的恐惧使它发出凄惨的嚎叫，但过了不久，这条狗就安静下来了。它想到了上面还有自己的许多伙伴，还有妻子和孩子，它不能丢下它们，于是，当铲进井里的泥土落在这条狗的背上时，它就将泥土抖落在一旁，然后站到铲进的泥土堆上面……就这样，老狗将大家铲倒在它身上的泥土全抖落在井底，然后再站到土堆上，慢慢地，它越来越接近井口。没过多久，这只狗便上升到井口，它一跃而出，在众人惊讶的表情中跑开了。

　　生死之差就在一瞬间，被活活埋死倒不如奋力一搏，当别人无法拯救自己时，只有自己拯救自己，在最后关头拯救自己的唯有自己。如果没有拯救自己的心愿，就只能被活活埋在井底，失去宝贵的生命。人生中难免碰到诸如被困在井底的处境，如何在危难之时保持一颗永不放弃的心态，是我们能否拯救自己脱离苦海的唯一出路。

燕雀安知鸿鹄之志

　　一群工人正在铁路的路基上挥汗如雨地工作，这时，一列火车缓缓开来。火车停了下来，从里面传出一个低沉的、友好的声音："大卫，是你吗？"大卫·安德森是这群人的负责人，他听出是老朋友吉姆·墨菲的声音，于是愉快地回答说："是我，吉姆，见到你真高兴。"吉姆·墨菲是这条铁路的总裁，他是专门来看望他的老朋友了。两人激动地聊了很久，后来他们握手告别。

　　总裁走后，其他人立刻围住了大卫，他们对于他是墨菲铁路总裁的朋友这一点感到非常震惊。大卫解释说，20多年

以前他和吉姆·墨菲是在同一天开始为这条铁路工作的。

其中一个人不解地问大卫："为什么当时两个人做同样的工作，而今你仍在骄阳下工作，而吉姆·墨菲却成了总裁？"大卫非常惆怅地说："23年前我为1小时1.75美元的薪水而工作，而吉姆·墨菲却是为这条铁路而工作。"

不同的奋斗目标，不同的人生轨迹。美国潜能成功学大师安东尼·罗宾说："如果你做生意，你觉得赚1万美元容易，还是10万美元容易？告诉你，是10万美元！为什么呢？如果你的目标是赚1万美元，那么你的打算不过是糊口罢了。如果这就是你的目标与你工作的原因，请问你工作时会兴奋有劲吗？你会热情洋溢吗？"

同样是挣钱，把目标定为1万与10万的结局是截然不同的，这就是所谓的进取心作用的结果。

中国有句古话"燕雀安知鸿鹄之志"，小小的燕雀只满足于在低空中觅食、飞翔，而鸿鹄则总是向往茫茫高空。低空与高空的风景是绝对不同的，这就是有没有进取心的区别。有进取心的人会强烈地渴望成功，而渴望成功的人一定要有进取心、有远见。对于人们来说，一个期待、一个期盼、一个悬在眼前的目标对于未来的人生有着更为重要的意

义。进取心和成功的关系，就像是蒸汽机和火车头的关系，进取心是成功的主要推动力。人类最伟大的领袖就是那些用进取心鼓舞他的追随者发挥最大热忱的人。

毛泽东说过："人是要有点精神的。"这里的精神就是进取心。秦始皇没有进取心，何以吃六国！拿破仑没有进取心，何以征服整个欧洲！人应该敢想、敢做，对自己认准了的事情就要一干到底，相信天生我才必有用。怀揣着进取心去闯荡世界，心有多大，你的舞台就有多大；心有多远，你就能走多远！

有个女孩与一个男孩谈了将近一年的恋爱，有一天女孩认为是时候将男孩带到家里让父母见一见了，于是两人就一块儿回家了。

父亲见到这个男孩，第一感觉很好，但为了自己女儿未来的幸福着想，父亲决定对这个男孩做一个更深入的了解，于是父亲和男孩简单地聊了聊。

父亲问男孩："你喜欢打球吗？"男孩回答："不，我不是很喜欢打球，我比较喜欢看书、听音乐。"父亲继续问："那你喜欢赌马吗？"男孩说："不，我不赌博的。"

　　父亲又问："你喜欢看电视上的田径或是球类竞赛吗？"男孩说："不，对于这些有关竞赛性的活动我没什么兴趣。"

　　男朋友走后，女儿向父亲征求他对这个男孩的意见，父亲回答："你和他做朋友我不反对，但如果你想嫁给他，我绝不赞成。"

　　女儿见刚才他们谈笑风生，很是融洽，怎么父亲此时却不赞成呢？于是女孩惊讶地问："为什么呢？"

　　父亲说："我这些年养了很多黄鹂鸟，也见过不少人养黄鹂鸟，逐渐总结出了一些。一般人养黄鹂鸟，绝不会将黄鹂鸟关在自家的鸟笼里，主人会带到茶馆，那儿有许多的黄鹂鸟。这只新的鸟儿，在茶馆听到同类此起彼落的鸟鸣声便会不甘示弱，也引吭高歌。这是养鸟人训练黄鹂鸟的诀窍……"

　　没等父亲说完，女儿就不解地问："这和我的男友有什么关系呢？"

　　"当然有关系了，其实动物界的竞争本性都是同样的。养鸟人刺激黄鹂鸟竞争的天性，来训练黄鹂鸟展露优美的歌

声，若是没有竞争，这只黄鹂鸟可能就终生喑哑了，不能发出任何叫声。这主要是因为没有其他的鸟儿来与他比较。你的这位男朋友，经过我刚刚与他的一番谈话，发现他既不喜欢运动，也不喜欢赌博、球赛，排斥一切竞赛性的活动。我觉得这样的男人，缺乏一种竞争的天性，缺乏进取心，将来难以有所成就，所以反对你嫁给他。"

燕雀安知鸿鹄之志，有鸿鹄之志的人总是有着超出燕雀的强大进取心，他们有着不安于现状的斗志，时常以积极的心态进取，所以，他们能够较快地成功。而有些人之所以一事无成，也许的确有其他原因，但谁也不能否认，最大的原因是他们有一个不可救药的弱点：缺乏进取心。

竞争是人天生的本性，在竞争的过程中，自己的优点可以通过与另一个物种的竞争和较量中显现出来。竞争让人类得以生存繁衍，想获得精彩就要参与竞争。与对手良性的竞争是必要的，它会使你拥有更高的生存能力，使物种逐渐壮大发展。

如果你现在没有成功，没有财富，没有地位，无关紧要，只要你有进取心就已经足够。有了进取心，才会想方设法去改变贫穷的命运。幸福不是天上的馅饼，它不会自己掉

下来！有进取心，才会去发挥潜能去拼搏，去改变现状。如果你有把进取心贯彻到底的智慧和毅力，那么站在金字塔的塔顶，指日可待。

　　所以，任何时候都记得进取心的重要性，千万不要安于现状，要多点进取心。你要在心中时常这样告诉自己：我并不是天生受穷的命，不是天生吃苦的命。我相信通过努力，我一定会过上富足的生活。

要做就做最好

　　学者胡适先生有一篇很有意思的文章——《差不多先生传》，描述了一个"姓差，名不多"的差不多先生可笑而又可悲的一生。他常常说："凡事只要差不多就好了，何必太精明呢？"他做事不求最好，差不多就行，因此马马虎虎，敷衍塞责，最后为此搭上了性命。其中有一段这样的描述：

　　"有一天，他忽然得一急病，赶快叫家人去请东街的汪大夫。家人急急忙忙地跑去，一时寻不着东街的汪大夫，却把西街的牛医王大夫请来了。差不多先生病在床上，知道寻错了；但病急了，身上痛苦，心里焦急，等不得了，心里想

道：'好在王大夫同汪大夫也差不多，让他试试看吧。'于是这位牛医王大夫走近床前，用医牛的法子给差不多先生治病。不上一点钟，差不多先生就一命呜呼了。

差不多先生差不多要死的时候，一口气断断续续地说道：'活人同死人也差……差……差……不多，凡事只要……差……差……不多……就……好，何……何……必……太……太认真呢？'他说完了这句格言，方才绝气了。"

凡事不求完美，而求"差不多"，其实，差不多是一种不认真的做事态度，抱着这样的心态做事，肯定不会做好，相反有时还会误了大事。

有一个女孩跟"差不多"先生正好相反，她工作认真，力求做到最好，所以，最后她成功了。

有个女孩经过层层筛选，终于进入了知名的日本帝国酒店工作，这让她很高兴。随后，酒店开始培训——全方位的职业培训，然后再根据各自的不同情况被安排到不同岗位。这个女孩满怀信心地以为自己会得到一份和她身份相符的工作，但出乎意料的是，经理却让她洗厕所。

"洗厕所？啊，这简直让人难以接受。"这个女孩从小接受贵族教育长大，在她心目中，这份工作卑贱而且低俗。

可是因为这是头一份工作，她也就忍着头皮接受了。第一天伸出手洗马桶时，她几乎呕吐。勉强干了两个多星期，她就再也不想在这里待下去了。她的心情糟糕到了极点。

同时，这里有一位50多岁的老人和她在一起洗厕所，她在帝国酒店做了23年的清洁工。有一天，她看见这位前辈在洗完马桶后，居然伸手从马桶里盛了满满一杯水，当着她的面一饮而尽。

她顿时目瞪口呆。那位前辈却很自豪地说："你看，经过我的手清洗的马桶，干净得连里面的水都可以喝下去。"

这位前辈的举动给了她很大的启迪。从这以后，每次洗完一只马桶，她就会问自己："我可以从中舀一杯水喝下去吗？"

培训很快结束了，当经理验收考核时，这位贵族小姐当着很多人的面，从自己洗过的马桶池里盛出一杯水，仰头喝了下去。

37岁以前，她是日本帝国酒店的普通员工，是那里工作最出色的人。37岁以后，她开始步入政界，经过一番努力之后，她成为日本内阁邮政大臣，这个人就是野田圣子。

　　此后，在很多场合，她都这样介绍自己的身份：最出色的厕所清洁工，最忠于职守的内阁大臣。

　　一样的工作，不一样的结果，有的人可以做得很好，有的人却一败涂地，而生活也将从此千差万别，原因何在？关键就在于我们是否有做到最好的决心。凡事抱着做到最好的决心去做，就可以离成功更近一步。而抱着"差不多"的心态去做，结局当然一败涂地。

　　比尔从小就表现出对赛车的巨大兴趣，而且他很有赛车的天赋。他第一次出去赛车就获得了第二名的好成绩，当时他兴奋异常，觉得回到家妈妈肯定会高兴地夸赞他。可是当他飞快地跑回家把这个消息告诉妈妈时，妈妈却没有显出高兴的样子，而是很平静地对他说："你输了，比尔。"

　　被泼了一瓢冷水的比尔不能服气："妈妈，难道您不认为我第一次就能跑个第二是件很好的事吗？"

　　"你用不着跑到任何人的后面，你应该做第一。"

　　看比尔伤心得眼泪就要流出来了，妈妈走过去意味深长地说："记住，孩子，要做就做最好，干吗要做第二呢？"

　　很快比尔便想通了，第二天，他开始在心中对自己说：

"要做就做最好。"这让他从此拥有了无限的力量努力做第一。这之后的每一场比赛中，比尔都抱着这种心态比赛，拿了很多次冠军，他再也不是第二了。

你用不着跑在任何人的后面，为什么要在别人的后面做个落后者呢？如果你希望自己是第一，那么第一的成绩就真的会属于你。

做第一，而不做第二，要做就做最好，争当第一，让你的心学会飞翔。有位哲人说过："如果你不能成为大道，那就当一条小路；如果你不能成为太阳，那就当一颗星星。决定成败的不是尺寸的大小，而在于做一个最好的你。"

每个人都应该永远带着热情和信心去工作，在工作中严格要求自己，能做到最好，就不允许自己只做到差不多的地步；能做到百分之百，就不能只完成百分之九十九。

如果你的稿子再加点东西将会更完美，这时，你就不要匆匆收笔；如果你的产品再添加点别的将会更受欢迎，那就一定要给它添上才肯罢休。挖地三尺尚未见水，只能说明挖的还不到位，要有再向下挖的意识才行。永远别以为自己已经做得足够好，要知道优秀的人永远比天上的星星还多。

一家皮毛销售公司的老板吩咐三个员工去做同一件事：去

一家供货商那里调查一下他们公司皮毛的数量、价格、品质。

　　第一位员工十分钟就赶回来汇报了，他没有亲自去调查，而是向下属打听了一下供货商的情况就回来做汇报。

　　第二位员工半小时后回来汇报，他亲自到这家供货商那里了解了皮毛的数量、价格、品质。

　　第三位员工一个小时后才回来汇报，他不但亲自到老板吩咐的这家供货商那里了解了皮毛的数量、价格、品质，而且根据公司的采购需求，将供货商那里最有价值的商品做了详细记录，并且和供货商的销售经理取得了联系。"货比三家"，为了找到更合适的产品，他还去了另外两家供货商那里了解皮毛的商业信息，将三家供货商的情况做了详细的比较，制订出了皮毛的最佳购买方案。

　　同样的事情，不同的人来做，就会出现不同的结果。工作认真的人会力求做到最好，而工作马虎的人则敷衍了事。这三个员工的结果哪个更令老板满意，答案已经不言而喻。我们做事不可能达到十全十美，但如果抱着做到最好的心态去做，就可以使事情更趋向于完美，而最大程度地减少缺憾。追求成功就一定要追求完美才能达到更高层次的卓越地

步。我们常常听说功亏一篑的事情。比如，开水烧到99度，你想差不多了，不用再追求了，不好意思，你永远喝不到开水。这就是说：99%等于0。

或许有的人会说："不是人们经常说凡事不要太过认真，要量力而行吗？"是的，生活中有些事是难以达到完美境地的，但是这里说的不要认真的意思是对待一些既成事实不要太过计较，指的是在生活的心境上要心态豁达，并非指我们做具体的事情可以马虎大意。在事情的最初我们要抱着做到最好的决心去做，争取最好，但是如果事与愿违，我们也不要太过计较，而要心胸豁达，只要尽力了，就可以无怨无悔。

很多人都以为自己已经足够好了。是这样吗？你真的已经把事情做得尽善尽美了吗？你真的已经发挥了自己最大的潜能了吗？实际上，人们往往拥有自己都难以估计的巨大潜能。每个人做每一件事都抱着追求完美的精神，那么他的潜能就能够最大限度地发挥出来。

一分耕耘，一分收获。这种说法在如今这个竞争激烈的社会已经无法成立了。不知你是否发现这样一个现象：如果在一场考试中，你只求及格，结果往往要差几分。而如果

你决心考到前三名，结果却会考个第四名。因此，一分耕耘，一分收获，很多时候是无法成立的。实际上却是：一分耕耘，零分收获；五分耕耘，零分收获；九分耕耘，零分收获；只有十分耕耘，才有十分收获。一分耕耘之后，人们常常看不到什么收获，就由此放弃了追求。但是，在他耕耘之后，就会有所积累，虽然不会迅速地转变为收获。九分耕耘之后，还看不见收获，又放弃了追求。但这个时候，他已经有了九分积累，就在离收获不远的地方，他放弃了努力。成功与失败就差这么一点点。我们不仅要发挥才能，而且还要追求完美——制定高于他人的标准，并且实现它。

　　在某个大型集团，有一句这样的话无处不见："在此，一切都追求尽善尽美。""追求尽善尽美"就是要做到最好。它值得作为我们每个人一生的格言，如果每个人都能在实际行动中实践这一格言，无论做任何事情，都有一种做到最好的决心，那么我们的成功也就不再那么遥远。因此，我们只有抱着做到最好，甚至超越最好的决心去做事时，才有可能真正做到最好。

　　一位总统在得克萨斯州一所学校作演讲时，对学生们说："比其他事情更重要的是，你们需要知道怎样将一件事情做好；与其他有能力做这件事的人相比，如果你能做得更好，那么，你就永远不会失业。"

要做就做最好，如果我们做每一件事都抱着这样的决心和心态，那么，我们离成功还会远吗？

第三章

认识自我

肯定自己的价值

　　有个著名的演说家要开始演讲了，只见他信步走上讲台，一句话没说，只在手里高举着一张崭新的100美元的钞票。

　　顿时，会议室的500多个人都不禁露出惊讶的表情，只见他接着问道："谁想要这100美元？"一只只手举了起来。他接着说："我想把这100美元送给你们中的一位，但在这之前，请准许我做一件事。"紧接着他就将钞票揉成了一团，然后问："这样的话谁还要呢？"话音刚落，就见有人举起手来。但是他并没有立即将钞票送出去，而是又接着说："那么，假如我这样做又会怎么样呢？"只见他把钞票扔到

地上，用脚不停地踩来踩去，直到这张钞票变得面目全非，又脏又皱，尔后他拾起钞票，不慌不忙地问："现在谁还要？"还是有人举起手来。

这时，大家开始议论起来，不知道他到底有什么用意。等声音渐渐平静下来，他开始微笑地说道："朋友们，你们都很棒，而且你们已经上了一堂很有意义的课，那就是无论我如何对待那张钞票，你们依然想得到它，因为不管怎样，它依旧值100美元。这就像我们的人生，我们会无数次被困难击倒，甚至碾得粉身碎骨。许多时候我们觉得自己一文不值，一无所有。但无论发生什么，或将要发生什么，在上帝的眼中，你们永远不会丧失价值。在他看来，肮脏与否，新旧与否，都不会影响你依然是一块无价之宝。"

我们生命的价值不是取决于外界的情况如何，而是取决于我们自身！然而很多人往往自己贬低了自己的价值，一旦遇到困难便觉得自己力量的渺小，觉得没有希望走出困境。其实，我们力量的大小不是取决于困难的大小，而是取决于我们的信心有多大。人生最大的悲哀莫过于看不到自身的价值，许多人谈论某位企业家、某位世界冠军、某位电影明星

时，总是赞不绝口，可是一联系到自己，便一声长叹"我不是成材的料""我没有那个命啊"！他们认为自己没有出息，不会有出人头地的机会，理由是："生来比别人笨"、"没有高级文凭"、"缺乏可依赖的社会关系"、"没有好的运气"等等。其实这些都不是最主要的，要获得成功首先必须看到自身所蕴藏的巨大力量。

一户富豪家有三个女儿，前两个女儿既聪明又漂亮，都是被人用万两黄金作为聘礼娶走的。然而第三个女儿到了出嫁的时候，虽然前去提亲者众多，却一直没有人肯出万两黄金来娶她，因为她长得不但很丑，而且非常懒惰。就这样两年时间过去了，第三个女儿还没有找到婆家，后来有一个远乡来的游客去提亲，他对富豪说："我愿意用万两黄金换你的女儿。"富豪非常高兴，把女儿嫁给了外乡人。

过了几年，富豪去看自己远嫁他乡的三女儿。没想到，女儿竟能亲自下厨做美味佳肴来款待他，而且从前的丑女孩变成了一个气质超俗的漂亮女人。富豪很震惊，他偷偷地问女婿："难道你是巫师吗？你是怎么把她调教成这样的？"富豪的女婿说："我没有调教她，我只是始终坚信你的女儿

值万两黄金，所以她就一直按照万两黄金的标准来做了，就这么简单。"

如果你觉得你能，你就能。原本丑陋且懒惰的女孩因为他人的肯定变成了漂亮女人，同时，这变化之大也无不与自我肯定有关。外界的肯定只是一种引导，自身的肯定才是真正重要的因素，如果这个三女儿始终自惭形秽，无论如何都无法自信起来，那她就不会成为一个优雅的美人。

我们在平时总是发现这样一个现象：童年时代被夸奖聪明懂事的孩子，长大之后往往学有所成，而且依然聪明懂事，并且很少做坏事。但那些从小就被父母邻居认为调皮捣蛋的孩子，长大后往往游手好闲，打架斗殴，甚至成为罪犯。

从小被认为聪明懂事的孩子，其自身也从小在心中相信自己是个聪明懂事的人，于是他总是努力按照这个标准来要求自己，尽力使自己的行为名副其实，造就自己成为他相信的那种人。而那些被认为"坏"的孩子呢？在他们心中，他们相信自己是个坏孩子，于是就会慢慢地按照这个坏的标准去做，也就真的养成了恶劣的品质，因为人的品行基本上是取决于自己心中的信念。我们每个人的心目中都有各自为人的标准，我们常常把自己的行为同这个标准进行对照，并据

此去指导自己的行动。

所以，我们要使某个人成为什么样的人，就应该按照这个标准来帮助他提高自信心，修正他心目中的做人标准。

许多时候我们自认为自己一无是处、渺小无比，把自己当成不受欢迎的刺猬，悄悄地躲在自己的洞穴，其实，如果你能摆正心态，肯定自身的价值，那么你就会充满自信地生活。我们自身的价值完全依靠我们自己的肯定，而不是否认和贬低。

新的学期开始了，一位教育学家让校长把三位教师叫进办公室，对他们说："根据你们过去的教学表现，你们是本校最优秀的老师。因此，我们特意挑选了100名全校最聪明的学生组成三个班让你们教。这些学生的智商比其他孩子都高，希望你们能让他们取得更好的成绩。"

三位老师一听都非常高兴，而且都一致表示一定会尽心尽力。校长又叮嘱他们说，对待这些孩子，要像平常一样，不要让孩子或孩子的家长知道他们是被特意挑选出来的，老师们都答应了。

一年之后，这三个班的学生成绩果然排在整个学区的前

列。这时，校长告诉了老师们真相：这些学生并不是刻意选出的最优秀的学生，只不过是随机抽调的最普通的学生。老师们没想到会是这样，都认为自己的教学水平确实高。这时校长又告诉了他们另一个真相，那就是，他们也不是被特意挑选出的全校最优秀的教师，也不过是随机抽调的普通老师罢了。

这个结果正在教育学家的意料之中：这三位教师都认为自己是最优秀的，并且学生又都是高智商的，因此对教学工作充满了信心，工作自然非常卖力，结果肯定非常好了。

很多人总是喜欢否定自己，他们认为自己力量渺小，很难干成大事，其实在做任何事情以前，如果能够充分肯定自我，肯定自己的价值，就等于已经成功了一半。许多人很多时候都处于同样的起跑线上，有着同样大小的力量，只是那些成功的人较早地看到了自己的价值并且肯定了自己的价值，于是他们也就较早地取得了成功。而那些落后者之所以没有成功，就是因为他们从没有肯定过自己，相信过自己，一个连自己都不敢相信不敢肯定的人还谈何成功呢？所以，在艰难的人生路上，当你面对挑战时，你不妨告诉自己：你就是最优秀的和最聪明的，那么结果肯定是另一种模样。

知道自己是谁

　　"你要知道你自己是谁。"被称为联想之父的柳传志在谈到自己成功之路时，总是这样说。柳传志的意思是说，人要获得成功，首先要有自知之明，而很多自命不凡者往往不知道自己是谁，也因而在自我陶醉中走向自傲，走向麻痹大意，结果饱尝失败苦果。

　　有一位老渔民在海上打鱼打了几十年，有个年轻人看着他那从容不迫的样子，心里十分羡慕。

　　有一天，年轻人若有所思地看着远处的海，突然想听听老人对海的看法。他说："海是够伟大的了，滋养了那么多

的生灵……"

　　老人说："那么你知道为什么海那么伟大吗？"

　　年轻人说因为海纳百川。

　　老人接着说："海之所以那么伟大，全在于海知道自己的位置在哪里。海能装那么多水，关键是因为它位置最低。"

　　要想走向事业的巅峰，任何人都不可自命不凡，都应该去掉身上的毛病。然而现实中却有许多人并不能正确摆正自己的位置，因此经常为自己的一点儿成绩沾沾自喜，为自己的一点优势便以为老子天下第一，夜郎自大。相反，如果能把自己的位置放得低一些，却会有无穷的动力和后劲。正是老人把位置放得很低，所以能够从容不迫，能够知足常乐。

　　有些人对待荣耀无法把持，以致忘乎所以。有的人一旦获得荣耀，就容易忘了自己是谁，并从此自我膨胀。

　　三国时的杨修就因为太过自负而导致了杀身之祸。他才华横溢，思维敏捷，但唯一不足的是不知天高地厚，忘了自己是谁，结果落的一个掉脑袋的下场。有一次，曹操建造一园，造成后，曹操去看时，没有发表任何意见，只挥笔在门上写了一个大大的"活"字，众人不解，只有杨修说："门

里添个'活'字，就是'阔'了，丞相嫌这园门太阔了。"众人这才恍然大悟，工匠赶紧翻修。曹操心里非常高兴，但是当他得知是杨修把他的意思"翻译"出来的时，嘴上不说，心里却已经开始妒忌杨修了。

还有一次，曹操收到别人送的一盒酥饼，曹操在盒上写了"一合酥"三字便放在一边。杨修看见后，竟招呼众人把这一盒酥分吃了，曹操知道后便问为何这样？杨修回答说："你明明写着'一人一口酥'，我们怎敢违抗您的命令？"曹操心中更加妒忌杨修了。

后来，又发生一例"鸡肋"事件，使杨修彻底走上了死亡之路。刘备攻打汉中，曹操亲率四十万大军迎战，于汉水对峙日久，曹军进退两难。一日，厨师端来鸡汤，曹操正若有所思，见碗底鸡肋，心有所感。这时夏侯敦入帐请教夜间号令，曹操顺口说："鸡肋"，于是，"鸡肋！鸡肋！"的军令便在军中传开了。杨修听到这个号令后便命军士收拾行装、准备撤退。夏侯敦闻讯一惊，忙把杨修请到自己帐中询问，杨修说："鸡肋者，食之无肉，弃之不舍。今进不能

胜，退恐人笑，在此无益，来日魏王必班师矣。"夏侯惇仔细一想，觉得很有道理，也命令军士打点行装。曹操知道后，心中不由一颤：好一个聪明如我的杨修啊！今日不除掉你更待何时呢？于是以扰乱军心的罪名将杨修斩了。

有许多人一旦得势便忘了自己是谁，于是肆意炫耀，却不知道身后埋藏着一颗定时炸弹，随时都可让自己走向灭亡，这颗炸弹是别人的嫉妒之心，因为你的气焰盖过了别人，自然就有人对你心生恨意。慢慢的，他们会有意无意地抵制你，让你碰钉子。因此有了荣耀时，要更加谦卑。不卑不亢不容易，但"卑"绝对胜过"亢"，就算"卑"得过分也没关系，别人看到你如此谦卑，当然不会找你麻烦，和你作对了。

自命不凡的人常常固执己见、唯我独尊。他们听不进别人的只言片语，往往以自我为中心，以为自己的能力强过任何一个人，其实是他们夸大了自己的能力而已。有一定的自信与自尊是好的，但过分了也就变成自高自大。自我中心者往往爱将自己的意志强加到别人头上，以自己的态度作为别人态度的"向导"，认为别人都应该和他有一致的看法和意见，若稍有异议，就总认为自己正确而别人错误。他们不愿改变自己的态度，即使明知自己错误也是如此。他们自尊心

极其强烈，在别人看来微不足道的事情，在他们看来却是极伤面子、极伤自尊心的事情。他们不愿伤自尊心，于是便不择手段地维护自己的自尊心，哪怕对自己并无益处。

所以，我们不应该像乞丐一样，总是在向人乞讨赞美。一个人纵然是天才，也不应该自我吹嘘。我们应该踏实肯干，而让别人去卖弄口舌。你做什么事情应该让人知道，但是不应该到处叫卖。一个人有无才能，不是看其嘴上的说辞，而是在行动中见其真伪。

从前，太阳光秃秃的，特别难看。所以，太阳整天愁眉苦脸的，特别伤心。天神知道了这件事情，就特别想帮助它。可是天神没有这样的法力，只好看着太阳伤心了。

一天，太阳到东海边喝水，东海龙王知道了太阳光秃秃的不好看，于是把自己的一个变身法宝给了太阳，并说："你想变漂亮，就必须把法宝飘上天空，许下心愿。"太阳谢过东海龙王后，把法宝飘上天空，许下让自己变漂亮的心愿，太阳一下子变成了五彩颜色，果真实现了它的愿望。

可是，自从太阳变成五彩颜色之后，就非常得意，天天干坏事，天天炫耀自己怎么怎么的美，东海龙王知道了这件

事，立刻把法宝的力量吸了回去，并且对太阳说："以后，你一定要处处做好事啊！"

这个故事告诉我们一个道理：有成绩不能骄傲，或做人不能骄傲。骄傲对所有的人都是公平的，它让所有人都分享到它的"恩泽"，只是每个人用不同的表现方式和手段来表现它罢了。我们常常批评别人太过骄傲，但是却看不到自己同样的品性，如果你自己没有骄傲之心，就不会觉得别人的骄傲是种冒犯。

骄傲有很多的害处，但最危险的结果就是让人变得盲目，变得无知。骄傲会培育并增长盲目，让我们看不到眼前一直向前延伸的道路，让我们觉得自己已经到达山峰的顶点，再也没有爬升的余地，而实际上我们可能正在山脚徘徊。所以说，骄傲是阻碍我们进步的大敌。同情我们敌人的不幸，常常更多的是由于骄傲而非善良，我们之所以对他们表示同情并不是我们出于安慰的好心，而在很大程度上为了显示我们比他们高一筹。

所以，当我们获得荣耀时，对他人要更加客气，荣耀越高，头要越低。另一方面，别老是提及你的荣耀，不然就变成了一种自我吹嘘，既然你的荣耀大家早已知道，那你何必

要总是提及呢?

　　"尺有所短，寸有所长""天外有天，人外有人""强中更有强中手"，不要以为自己比任何人都强，因而以一种傲慢的姿态同别人相处，其实，人人都有胜过自己的一面，如果你肯放下高傲的头颅，那么谁都可以做你的老师。因此，做人万万不要自负，不要独享荣耀，要时刻记得自己是谁，任何时候都以谦虚的姿态做事，说穿了就是不要去威胁别人的生存境况，因为你的自负会让别人变得黯淡，产生一种不安全感。

承认自己"我很重要"

在生活中，我们总是把自己放在无关紧要的位置，好像正大光明地承认自己非常重要是一件多么让人害羞，或是不可理喻的事情！

然而，如果你没有正确地认识自己，你对外发出的信号就是：你不重要，你没有价值！他人是通过我们自己来看待我们的！这个讯号发出，你将会得到更多"你不重要"的回馈！

从小到大，我们总是被教育要把自己放在最后一位，然而，按照吸引力法则同类相吸的道理，这样的结果就是我们吸引来了自己认为自己没有价值的感觉！这样的感觉寄居在

我们的心里，让我们无法发挥出自己的潜力！

我们必须改变我们的思想！勇敢地站出来，告诉自己："我很重要！"

第二次世界大战以后，受经济危机的影响，日本失业率陡然上升。各个工厂为了维持下去，都纷纷开始裁员。有一家食品工厂决定裁掉三分之一的员工。而裁员名单中，有三种人作为最先考虑的裁员对象：第一种是清洁工，第二种是司机，第三种是没有任何技术的仓管人员。这三种人加起来有三十多名。

经理找到这些人，对他们说明了公司的裁员策略和裁员意图。

清洁工说："我们很重要，如果没有我们这些清洁工每天打扫卫生，保持清洁优美健康有序的工作环境，环境不知道要糟糕到什么地步？我们的员工如何能够全身心地投入工作？"

司机说："我们很重要，公司每天生产这么多产品，没有司机怎么能迅速有效地销往市场？"

仓管人员说："我们很重要，您看，战争刚刚过去，我

们的很多人民还挣扎在饥饿线上，如果没有我们这些仓管人员，我们工厂的食品岂不要被流浪街头的乞丐偷光！"

经理听完他们的话，想想确实都有道理。于是决定不裁员了！他派人做了一块大匾挂在工厂门口，只见上面赫然写着："我很重要！"

工人们每天来上班，第一眼看见的就是匾上"我很重要"四个字。工厂上上下下的人，不管是基层岗位的职工，还是管理岗位阶层的人，工作起来都非常努力，认真。一年以后，公司迅速崛起，成为日本规模巨大，发展迅速，收益俱佳的著名公司！

不管什么时候，处在怎样的环境中，我们都不要看轻自己。勇敢地对自己说："我很重要！"你的人生会因为"我很重要"而走上崭新的充满着阳光的征程！

卢梭说："我不说我是卓越的，但是我与众不同。上帝是用模型造人的，塑造了我以后就把那个模型捣碎了。"

辛涅科尔说："对于宇宙，我微不足道；可是，对于我自己，我就是一切！"

耶稣说："一个人赚取了整个世界，却丧失了自我，又

有何益。"

没错，我们每个人都是上帝独一无二的杰作，我们是自己的主宰！

周国平说："我何尝不知道，在宇宙生成变化中，我存在与否完全无足轻重，面对无穷，我确实等于零。然而，倘若我不存在，你对我来说岂不也等于零？我何尝不知道，在人类的悲欢离合中，我的故事极其普通，然而，我不能不对自己的故事倾注更多的悲欢，对于我来说，我的爱情波折要比朱丽叶更加惊心动魄，我的苦难要比俄狄浦斯更加催人泪下，原因很简单，因为我不是谁，而是我自己。

我终归是我自己，当我自以为跳出了我自己时，仍然是这个我在跳。我无法不成为我的一切行为的主体，我是世界的一切关系的中心，同时我也知道，每个人都有他的自我，我不会狂妄到要充当世界和他人的中心。"

承认自己很重要，不是狂妄自大，目中无人，而是摆正自己的位置，认识到自己的价值，充分发挥出自己内在的潜力，因为你并不是一颗被遗忘在角落的石子，你可以成为自己一道独特而亮丽的风景！

每一个生命都是独特的，生命中有欢笑，也会有苦难，

然而不管何时，我们都要做自己心灵的主人，做承载自己生命的方舟，告诉自己"我很重要"，如此，便没有什么苦难能够打败自己！

作为孩子，你是父母生命的延续，父母对你倾注了无限的爱和关怀！

作为父母，你是孩子生命中的保护伞，是他们心灵的阳光！

作为朋友，你是他们心灵的港湾，分享他们的快乐，分担他们的忧愁！

作为爱人，你是他生命中的一根肋骨，有了你，他的生命才完整！

是的，你很重要。我们每个人都是大千世界中重要的一员，有着各自的责任和使命！我们要看得起自己，我们要勇敢地对自己说："我很重要！"

或许，你对承认"我很重要"还不习惯，你对这个想法还很陌生，那是因为，你在认为自己不重要的世界中生活得太久了，就像你本来有着巨大的财富，而你一直浑然不知，当这些财富在你面前，被告知属于你时，你是否会觉得这不真实？

向自己的内心呼喊，告诉自己："我很重要！"你会发现你的内心掀起巨大的波澜，似乎唤起了自己内心沉睡已久

的力量！

　　给自己一个欣赏的信息，当你能够非常自然地看待自己，自然地承认自己的独特和重要时，你有发现你的内心在微笑吗？你是否感觉到一种轻松和惬意？是否感觉内心一种力量在涌动？因为你看到了自己，你找到了自己作为一个人的价值！你因为"我很重要"而骄傲！

　　你是自己生命的主宰，你主宰了自己的一切，如果你想向前，你想成功，你想象阿波罗的神灯一样实现自己的每一个美丽的愿望，只要你想，你便能够！没有人能够将你从前进的步伐中拖曳出来！

　　莎士比亚说："人类是一件多么了不起的杰作！多么高贵的理性！多么伟大的力量！多么优美的仪表！多么文雅的举动！在行为上多么像一个天使！在智慧上多么像一个天神！宇宙的精华！万物的灵长！"

　　毕淑敏说："重要并不是伟大的同义词，它是心灵对生命的承诺！"

　　多么动听的话语！

　　让我们昂起头，对着这个美丽的世界，高声地宣布："我很重要！"

了解自己的长处

　　美国社会专家的研究显示，人的智商、天赋都是均衡的，就像是这个世界的一切都会按照能量守恒定律发展一样。在某一个领域里有很大的优势，但不一定会在其他领域也占有同样的优势，即每一个人都会在有优势的同时具备劣势。那些极少数的成功人士不是因为他们什么都好，而是他们懂得发挥自己的优势、规避劣势。面对真实的自我就是要看清自己的优势，了解自己的长处，将自己的价值显现出来。

　　有的人在未发现自己的才能和专长时，往往做事不得要领。做无所成，总是感觉自己一无是处，但这很可能是被环境

或形势所逼，自己如同在暗夜里行路，找不到该走的方向。

客观地认识自己，知道自己的长处，找到自己的发展方向，走一条属于自己的路，有利于你的成功，更可以收到事半功倍的效果。相反，如果你不了解自己的长处，盲目地走你的路，那无异于蒙着眼睛走路，纵然有所收获，也不会太轻松，而大多数的时候更可能是无功而返。

上学时，我对文化课一直都学得没有兴趣，甚至有很大的偏科现象，父母没有意识到这一点会对我今后的人生路有什么影响，只知道如果没有文化就会受苦。所以，大多数的时候都会逼着我学习文化课。事实上，我在很小的时候就显出对艺术的兴趣与天赋，只是父母并不了解这一点，而当时的我又太小，没有决定自己生活方向的权利，加上当时环境的影响，我一直都未能选择自己喜欢的生活方向。高中毕业时，父母看到小城里的很多孩子不费吹灰之力就考取了艺术类院校，才意识到他们的教育理念是不符合这个社会节拍的。而那时的我已经意识到了自己的长处，于是在上大学时，就只能依靠自己的兴趣，尽量多涉及一些自己喜欢的艺术类课程。我知道，如果真的走艺术道路已经很困难了，但

至少多学一些，对自己不会有什么害处。而且，在学习的过程中我感觉到了该有的快乐，也看到了自己的进步。这便是我现在真正能做到的，也是可以感觉到幸福的一件事。也许你曾有过类似的经历，但只要你能够认识到自己的长处，你就可以有所收获，至少可以收获快乐。

达尔文在他的自传中说，因为他对自己有很深刻的认识，所以，他可以准确地把握自己的长处，扬长避短，以致取得了一般人无法企及的成就。他谦逊又很自信地谈到："我的记忆范围很广，但却比较模糊。""我想象上并不出众，也谈不上机智。因此，我是蹩脚的评论家。"伟大的马克思有许多天赋，但他给燕妮写了很多诗之后发现自己并没有很好的诗才。于是，他自我剖析说："模糊而不成形的感情，不自然、纯粹，是从脑子里虚构出来的，现实和理想之间的完全对立，修辞上的斟酌代替了诗的意境。"

人们对自己的认识不是一次就可以完成的。认识过程不仅建立在自我反馈上的自我调节，也要建立在对别人中肯建议的接受基础上。

有件学林逸闻值得我们深思，讲的得著名的史学家方学瑜的故事。他小时候除了刻苦学习功课外，还在假期跟

从和德谦先生专攻诗词。他渴望成为一名杰出的诗人，但一晃六七年过去了，却未取得一点成就。1923年方学瑜赴京求学，临行时，和先生诵阮玉亭"诗有别材非先学也，诗有别趣非先理也"之句赠之，指出他生性质朴，缺乏"才""趣"，不能成为诗人。但如能勉力，学理可成为一个学人。方学瑜铭记导师之言，后来著成《广韵声汇》和《困学斋杂著五种》两本书，为祖国的史学研究做出了很大贡献。

其实，每个人都不可能在任何领域占尽优势，而是会在某个领域占优势。只要你对自己的长处很清楚，并将自己的优势发挥到恰当的地方，你必然会有所成就，这就是你的真实带给你的财富。

不要苛求

　　有的人会因为对自己太过苛求，而能力又无法达到而痛苦不堪，这是对真实自己的一种践踏和侮辱。你需要明确地知道你是一个有多大能力的人，你可以根据你自己的能力确定你达到的目标，而不是去建一座人生的海市蜃楼。你只有在自己力所能及的范围内干好你自己的事业，才会从中获得快乐。太过苛求自己，不仅自己不会快乐，还会给别人带来痛苦。

　　有一位朋友很是要强，她总是怕别人看不起。考大学那年，因为过分地担心自己考不好，就整天开夜车，由于体

力不支，结果临近考试时病倒了。参加工作后，自己事事积极，结果会在大多数时候好心办坏事，往往屡屡被辞。等结婚之后，又发现自己的老公不能给自己更好的生活基础，与老公闹离婚。在她的生活中，那些快乐似乎离她很远很远，永远都触不到边。而我的另一位朋友却总是一副波澜不惊的样子。考大学时，别人都急得睡不好觉，她却睡得比谁都安心。问她为什么没有一点着急的迹象，她大大咧咧地说："急也没用，反正该学的我也学了，考成什么样子就什么样子呗。"结果她超常发挥，快乐地走进了自己梦寐以求的大学校门。工作之后，别人劝她找找领导，安排一个更好的岗位，她却没有丝毫动作，但自己活得很开心。结婚时，别人都挑来挑去的，生怕误了一生，她却找了一个很普通的人，可是，她的爱人待她很好，而且不到五年，他们通过自己的奋斗，有了该有的一切。她的不苛求，给了她无尽的快乐。

　　生活中的许多事不是我们能够左右的。对自己太过苛求只会增加自己的心理压力，使自己难得开心。与其没有快乐地活着，倒不如对任何事都不要在意，只是尽心尽力就可以了，结果如何我们可以不去在意。真实的自我能够在整个过

程中感受到快乐就是最好的回报。

　　所以，不要去苛求自己，承认你是一个有血有肉的，真实存在的人。你有你渴盼的快乐，你有你真实的感觉。没有必要去否定这一切，试想一个人连这一点都无法做到，那他还如何去宽容别人，善待周围的一切？

　　曾经有一个公司招聘女助理，经过层层筛选，最后剩下两个水平相当的人。这时老板决定加试统一题目视情况决定取舍。题目是："假如公司有紧急情况需要你马上与客户沟通，但恰好在前一天，一直与你热恋的男友提出与你分手，你的心情坏到极点。面对这样的情况你该怎么做？"

　　甲不假思索地回答道："我会排除一切杂念，把公司的事先处理好。"乙却说："我想我会先请一天假，因为我的精神状态很差，我需要时间来调整自己。"

　　听完她们的答复后，老板当场就决定录用乙，并对困惑不解的甲说："你的答案虽然很完美，但却不真实。因为人是有理性的，感情方面的因素不可能不影响到工作。相比之下，乙的答复更加人性化，没有矫揉造作的成分。我们的公司需要的是这种有理性、能够正视自己的员工。"

　　我们都不是机器人，我们有自己的情感。在日常的生活中那些苦乐滋味都会给我们的生活造成各种影响。如果你真的快乐了，才会将自己的事情处理妥当。对自己要求得太苛刻，看起来是一种自尊、积极向上的表现，却不是最好的做法。这就像是放风筝，拉得太紧，风筝的线会断。松紧适当，风筝才会飞得高，飞得远。我们的生命都是有限的，能够让自己在这有限的生命里创造成绩固然可喜，但拥有快乐也未尝不是一件值得庆幸的事。

　　人不要对自己说，别人有的我也一定要有。有些东西，别人有的，你永远都不会有。所以，还是少要求一些，不要活得那么累，快乐着才是最重要的，才是你真实的需要。

快乐

　　快乐的生活，快乐的工作是每个人都向往的，但是为什么还有很多人每天都生活在郁闷、悲观，甚至是痛苦当中呢？难道生活真的就没有快乐可言吗？答案显然是否定的，生活中并不缺少快乐，而是快乐没有被我们发掘，下面让我们一起来寻找内心的快乐。

　　汤姆是一个非常善良的人，但是他却非常不开心，原因是他感觉自己太胖了，这让他感到非常沮丧。他曾经发誓一定要减肥，苦练，但是锻炼得劳累让他感到更加痛苦；他又想节食，但是饥饿好像瘟疫一样令他痛苦不堪。于是一次次

的努力，一次次的放弃，肥胖仍然在困扰着他。

这是一种典型的内心感受，很多人都有这样的经历，不管事情是大是小，总是无法解决，汤姆也很想拥有健美的令人羡慕的身姿，也会幻想如果拥有那样的身姿会是一件多么快乐的事情，但他却总是无法得到这种快乐。为什么呢？因为他对痛苦的恐惧超越了对快乐的向往。

快乐和痛苦是一个硬币的两面，要么是正面，要么是反面，正如法国作家蒙田描述的那样："我明白，如若痛苦更大，快乐则将不再；如果快乐满溢，痛苦则将消失。"每个人都想追求快乐，但是都被痛苦挡住了脚步。

人们所有的感觉都是由内心产生的，同样一件事情在不同的人眼里结果完全不一样，有这样一个故事，一个罪犯，吸毒酗酒，抢劫谋杀，无恶不作，最后终老在监狱中。他有两个儿子，大儿子和他的父亲有着相同的嗜好，最终也沦为囚徒。二儿子却是另外一种情形——美满的婚姻生活，稳定的工作，健康的孩子。为什么在同样的环境下，两个人的发展状况却截然不同呢？有人询问他们同样的一个问题"是什么让你走上了现在的路？"他们的回答居然也是相同的"有这样一个父亲，我还能怎么样！"多么让人感叹啊！我们生

活在同样的一个世界里，享受着同一个太阳，但是每个人的内心世界却大不一样！因此说，不是世界在影响你，是你自己的内心决定了你的命运。汤姆看到的如果是减肥带来的快乐，那么他就会每天坚持去锻炼，并且乐在其中，我们为什么不能把自己的感受调整到快乐的状态中来呢？

成功的判断标准源自于社会，而快不快乐却是源自于我们的内心，一个人是否快乐，唯有他自己的心最清楚。因此我们应该更多地看向我们的内心，那是只属于我们自己的一片精神花园！而现代社会人们的通病就是关注外在世界更多，比如我们生存的环境，我们的社会地位，我们拥有的财富，却对自己的内心世界关注的非常少，这对自我成长是非常不利的。

从我们呱呱坠地，我们的父母就教我们认识周围的人和物，当我们长大了，上学了，这样的责任又交给了学校，老师教给我们知识，教育我们认识社会，认识外在世界的种种现实，包括地理，包括自然，包括历史，等等。于是，我们懂得了如何认识社会，懂得了如何去获取自己想要的物质生活，懂得了一个人就应该去获取自己的成功和幸福！于是，很多人变得成功了，变得富有了，可是，他为什么还是不快

乐，不幸福呢？

外在世界的一切，包括我们追寻的那些东西，都是变化无常的，他们不会永远忠诚地跟随我们每天，更不用说一生一世，这些外在的事物在一瞬间就可能全部灰飞烟灭！所以说，世间万物都是不确定的，都是充满变数的，即使我们拥有的更多，万贯的家财，显赫的地位，幸福的妻儿，内心还是会不安，会浮躁，会感觉空虚缥缈。因为真正意义上的快乐，我们必须要去我们的内心深处寻找，他不受外在世界的任何困扰！他快乐了，才是真的快乐！

乐由心生！据说昆仑山麓生产一种快乐果，每个得到这个果子的人，都非常快乐！自此忘掉所有烦恼。有一个人听说了这件事，便不远万里，跋山涉水，去寻找这种果子。终于，经历了千辛万苦，在险峻的山崖上，他找到了传说中的快乐果，然而，他拿着果子却并未觉得快乐，反而感到一股莫名的空虚和失落。天已经渐渐黑了，他走下山借宿在一位老人家里。晚上皓月当空，而这个拥有了快乐果的人却发出了长长的叹息。

老人听后，走出屋子，问他："年轻人，什么事让你这

样叹息呀？"

　　于是，他说出事情的原委，而后又追问到："我已经得到快乐果了，可为什么却没有得到快乐呢？"

　　老人听后扑哧笑了，继而说道："其实，快乐果并非昆仑山才有，而是人人心中都有。只要你有快乐的根，无论走到天涯海角，都能够得到快乐。"

　　年轻人听后，顿觉精神一振，急切地问："老人家，那什么是快乐的根呢？"

　　老人说："心就是快乐的根啊！"

　　快乐是由心而发的，找到了这根快乐的根，我们才能感受真正的快乐，才不会被自己的情绪所奴役，被外在的得失困扰！

　　人活于世，说到底是生活在自己内心的各种感受中。世界是广袤的，而我们是渺小的，我们可能无法像乔布斯那样拥有改变世界的智慧和力量，但是我们确有能力改变我们自己。在生活中，时刻饱有一颗善良、感恩、平静的内心，我们得到的，将不仅仅是快乐。

对自己要求高些

　　我们每个人都渴望成功，我们用尽一生的时间在追求成功。但决定成功的因素是什么？金钱、地位、教育还是头脑？让我们看看那些成功人士是怎么说的。

　　摩根的名字几乎无人不知。他在欧洲发行美国公债，大搞钢铁垄断，并且推行全国铁路联合。他有一次接受某知名媒体记者的采访，当被问及成功的条件是什么时，他曾这样说："你现在所想的和所做的，将会决定你未来的命运。"

　　当有个学生问巴菲特和比尔·盖茨是怎样变得比上帝还富时，巴菲特这样回答："原因不在智商。为什么聪明的人

会做一些阻碍自己发挥全部功效的事情呢？原因在于他的习惯、性格和脾气。"对于这一观点，盖茨也十分赞同。

著名心理学家、哲学家威廉·詹姆斯也说过："播下一个行动，你将收获一种习惯；播下一种习惯，你将收获一种性格；播下一种性格，你将收获一种命运。"我们知道，态度是我们思想的外在表现，而思想又决定行动，行动则决定我们的命运。因此，也可以说最终决定我们命运的是我们自己。

我们除了要生活在现实里，还应该生活在自己的思想里。现实世界也是在我们的思想里做出一定的反应后才被我们接收的。所以，思想可以塑造我们的人生。

古印度有这样一个传说：梵天是一切众生之父。当时地球上的所有人都是神，但是他们却滥用自己的职权，胡作非为。梵天被激怒了，便决定收回人类所拥有的神性，把它藏到人类永远找不到的地方。

于是众神便商量着把它藏在哪里才不会让人类找到。有的神建议："把它埋藏在地下。"梵天说："不行，因为人类会挖掘到地层深处并找到它。"又有的说："将它藏在最

深的海底。"梵天还是说:"不行,因为人类可以潜水,到时还是会找到它。""那就把它藏在最高的山上。"另一个神说。但梵天还是摇摇头:"总有一天人类会爬遍所有的高山,到时还是会找到它。"众神面面相觑,问梵天到底将它藏在哪里才不会被人类找到。梵天说:"藏在人类身上,那样他们就永远都找不到它。"众神表示赞同。于是,神性就被藏于我们每个人的身上,而这种神性就是埋藏在我们心灵深处的种子,它会带着我们向不同的方向伸展。

我们的人生,就是在寻找着自身的神性,因而我们的人生也都在锤炼自己的心性。因为只有我们的心性才能影响到我们的成败。

刘邦是大汉朝的开国皇帝。他以一介布衣而夺得了天下,开创了几百年的基业,这和他的心性是相关的。刘邦是太极性格,亦刚亦柔,亦阳亦阴。所以他可以变化万千,没有什么可以伤得了他。太极的浑圆之中又蕴藏着巨大的杀气,因而他浑身上下也无处不是圆的柔和与攻击的锐气。

刘邦生于一个农民家庭,但他不喜欢务农,于是便出任了泗水亭长。当时这只是个极小的官,连国家的俸禄都没

有，但却让他有了接近上层官员的机会。而这时他人性中圆滑的一面便显露了出来，他可以与任何人相处，也可以把众多的人团结在一起。

一次刘邦奉县令之命带人去修骊山陵墓，但刚离沛县不远便有大量的人逃走。这让他很头疼，因为按照秦朝的律法，如果带的囚徒逃亡过半，那么就会被处斩。在泽中亭，他与囚徒们共饮。到了晚上，便趁夜色解下囚徒身上的绳索，放他们逃走，而自己则逃进山林中去了。从这里，可以看出他的刚，因为他没有墨守成规，而是积蓄力量再待时机。

刘邦所使用的正是太极的特点，他一松一紧，一柔一刚，一慢一快，一虚一实，因此可以演变出千招万势的景象，令对方摸不清头绪。而鸿门宴便是对他这种人性的最好写照。

当时楚怀王曾允诺：先入关者王之。刘邦比项羽最先进入咸阳，所以按理他应该成为关中王。但当时项羽势力强大，尽管刘邦当时已有十余万人马，但与项羽比起来仍处于劣势。项羽进驻鸿门，使刘邦再一次面临危机。

当时项羽打算灭掉刘邦，项伯与张良关系甚好，得知这一消息后，便快马加鞭赶到汉营，把项羽的计划告诉了张良。刘邦闻讯后，邀项伯入帐，举酒为他祝寿并约为儿女亲家，并对项伯说自己丝毫无忘恩负义之心，请项伯在项羽面前替他求情。项伯答应了刘邦的请求，并让他第二天亲自去鸿门向项羽谢罪。刘邦来到项羽的兵营之后，处处表示的谦恭有礼。然后项羽给刘邦设宴，宴席之上，范增几次示意项羽除掉刘邦，但当时项羽被刘邦的假象所蒙蔽，对范增的暗示无动于衷。范增见项羽毫无反应，便安排项庄舞剑，名为祝酒，实为刺杀刘邦。项伯看出了他们的企图，于是也拔剑起舞，并时时用身体保护刘邦，使项庄没有机会接近刘邦。樊哙在张良的安排下闯入帐中，双目圆睁，严厉地斥责项羽："怀王与诸将约定先破咸阳者为关中王。沛公先入咸阳，秋毫无所犯，退军驻扎霸上，等大王你来，派人守关也是为了防止盗贼出入。沛公劳苦功高，你不但没有封赏，还听信谗言欲除之而后快，这岂不是重蹈亡秦的覆辙吗？"项羽脾气一向暴躁，但听完这番话却丝毫没有反应。刘邦知项

羽已动摇，于是便借口上厕所离席外出，丢下骑兵，只身骑马，只留樊哙等四人保护，抄小路回到自己军中，摆脱了危险。在这里，他人性中阴柔的一面又得已显现。他知进退，招数顺势而生，则可以静制动，以柔克刚。而项羽则不同，他只知进不知退，不曲折求和，四面楚歌之时本可东渡乌江，但他宁折不弯，只好让乌江成为自己的葬身之地。

　　每个人都渴望能够成功，因为成功不仅意味着财富，意味着地位，还意味着人生最大价值的实现。成功不是某些人的专利，只要你有强烈的信念，你有执著的追求，那么你就一定能够取得成功。这就要求我们要充分发挥自己性格中的优势，就像刘邦那样，哪怕当初只是一介草民，最后却可以君临天下。成功不会偏爱任何人，无论王侯将相还是平头百姓，它都一视同仁，关键是看你自己。

踏实

我们如何做一个最踏实的自己呢？斯托克博士说："那就是智慧和才能，只有被交给那些会使用的人。通过使用我们的肌肉力量，我们的身体变得更强壮；通过使用我们的思想，我们的智力增加了；通过使用我们的精神力量，这些力量也得到了增强。我们不会因为思考而使智力减退，也不会因为显示了爱和同情心而使精神感到疲倦。"只要我们能够面对一切，我们就能做一个踏实的自己。

我们怎样才能铲除一切阻碍，做最踏实的自己呢？我们知道，大凡有所作为的人，都是障碍跑中的胜利者，在他们

看来，无论是面对工作还是生活，只有经历大量的痛苦、大量的磨难，才能做一个最踏实的自己，只有排除一切困难，才能以一种大智大勇的精神去与困难作斗争。

一个人要想走向成功，只有踏踏实实地做事，老老实实地做人，这样才能走向成功。但是，在我们的生活中，大多数人却没有这样做，他们总是得过且过，做一天和尚撞一天钟，结果浪费了大好时光。事实上，如果我们能够从今天起专注地去做好一件事，我们就会走向成功，只要我们能够明白一个按照自我愿望行动的人，可以胜过一个处处受束缚的天才，那么我们就能感觉到我们无论是年轻还是年老，贫穷还是富有，我们都能保证自己一生都在追求成长，让生命中的每一天都过得快乐、富有和进取，我们就会愿意去迎接挑战并与他人分享。只要我们具备了这种踏实做人的态度，我们就一定会成功。

做最好的自己

　　一位哲学家曾经告诉我们：一个人只有确定自己在生活中做最好的自己，才会越来越接近成功，直至最终获得成功。他说："财富、名誉、地位和权势不是测量成功的尺子，唯一能够真正衡量成功的是这两个事物之间的比率：一方面是我们能够做的和我们能够成为的，另一面是我们已经做的和我们已经成为的。"

　　同样，每个人的生活都会面临我们的信仰和决心的挑战。然而，当挑战到来，我们就会全身心地投入到事业的挑战中去，我们就不会再停留，而是立即采取行动，去与困难

作斗争。这样，无论我们在工作中遇到多大的困难，都会自始至终地用积极、理性的态度去对待，都会用坚定的决心和充足的勇气去战胜它。

巴顿将军有句名言："一个人的思想决定一个人的命运。"不敢向高难度工作的挑战，是对自己潜能画地为牢，只能使自己无限的潜能化为有限的成就。与此同时，无知的认识会使自己的天赋减弱，不敢去挑战自我，甘于做一个平庸的人，这样的人一辈子会像懦夫一样生活，终生无所作为。

巴顿将军在校期间一直注意锻炼自己的勇气和胆量，有时不惜拿自己的生命当赌注。

有一次在轻武器射击训练中，他的鲁莽行为使在场的教官和同学都吓出了一身冷汗。事情的经过是这样的：同学们轮换射击和报靶。在其他同学射击时，报靶者要趴在壕沟里，举起靶子。射击停止时，将靶子放下报环数。轮到巴顿报靶时，他突然萌生了一个怪念头：看看自己能否勇敢地面对子弹而毫不畏缩。当时同学们正在射击，巴顿本应该趴在壕沟里，但他却一跃而起，子弹从他身边嗖嗖地飞过。真是万幸，他居然安然无恙。

　　另一次是他用自己的身体做电击的实验。在一次物理课上，教授向同学们展示一个直径为12英寸长、放射火花的感应圈。有人提问：电击是否会致人死命？教授请提问者进行实验，但这个学生胆怯了，拒绝进行实验。课后，巴顿请求教授允许他进行实验。他知道教授对这种危险的电击毫无把握，但巴顿认为这恰是考验自己胆量的良机。教授稍微迟疑后同意了他的请求。带着火花的感应圈在巴顿的胳膊上绕了几圈，他挺住了。当时他并不觉得怎么疼痛，只感到一种强烈的震撼。但此后的几天，他的胳膊一直是硬的。他两次证明了自己的勇气和胆量。

　　"我一直认为自己是个胆小鬼，"他写信对父亲讲，"但现在我开始改变了这一看法。"

　　巴顿将军毕业于西点军校，对西点学员来说，这个世界上不存在"不可能完成的事情"。不断挑战极限是每个学员的乐趣，只有超乎常人的困境才会让他们从中得到锻炼。而在现实生活中，我们只有具备一种挑战精神，也就是勇于向"不可能完成"挑战的精神，才是我们获得成功的基础。

　　当然，在挑战自我的过程中，我们需要鼓足勇气，去

做自己应该做的事，去充分发挥自己的才干、机智与能力，不以到达终点为最终目的，即使到达终点了也要继续前进，永不休止，勇往直前，不怕失败。尽管在这个过程中会经受人生中所有的艰难困苦，但也要意识到这只是一个过程，只有自己永不言败，永不放弃，向自己挑战，才能走向成功。看看那些颇有才学的人，他们具有很强的能力，而且有的条件还十分优越，结果却失败了，就是因为他们缺乏一种挑战自我的勇气。他们在工作中不思进取，随遇而安，对不时出现的那些异常困难的工作，不敢主动发起"进攻"，一躲再躲，恨不得逃到天涯海角。他们认为要想保住工作，就要保持熟悉的一切，对于那些颇有难度的事情，还是躲远一些好，否则，就有可能被撞得头破血流。结果，终其一生，也只能从事一些平庸的工作。

　　我们面对这样的人，能为他做些什么呢？我认为一个人一定要有自己的目标，要有信心，并且要有自己的价值观，只有这样，我们在挑战自我时，才能不断地问自己：我要去哪里？我现在的目标、信仰和价值观在哪里？现在它们要带我到哪里去？我是否正朝着我想要去的地方前进呢？如果我一直照着这样走下去的话，我最终的目的地是哪里呢？所以，人生最大的挑战就是挑战自己，这是因为其他敌人都容易战胜，唯独自己是最难战胜的。有位作家说："把自己说服了，是一种理智的胜利；自己被自己感动了，是一种心灵的升华；自己把自己征服了，是一种人生的成熟。大凡说服了、感动了、征服了自己的人，就有力量征服一切挫折、痛苦和不幸。"

第四章

欲望

欲望让心灵过于沉重

欲望是人的一种生理和心理本能。人要生活下去，就会有各样的欲望。但是，欲望也是有上限的，多了、大了，就会让你的心迷失了方向。当然，正确的欲望往往是人们通往成功之路的必然条件。

欲望让人富有成功的激情，欲望也让人的心灵过于沉重。欲望的心理对于那些成功的人来说是必不可少的。然而欲望的心理又让他们比别人过得更加繁重。

《芝麻开门》这个故事说的是从前有一群强盗，他们把所有抢来的财宝都收藏在了一个山洞里。

　　有一天，一个上山打柴的年轻人无意中经过那座山洞，并且发现了强盗们正往洞里搬一些财宝，他的贪婪心理一直支配着他，于是他慢慢地等待。终于在某一天，这些强盗关了山洞的大门，再一次出发抢东西去了。年轻人急忙走了下来，用自己身上的衣服包了很少一部分的金币、珠宝，然后满足地走了。

　　回到家，他的哥哥知道了年轻人得到的奇遇，在他的软磨硬泡之下，年轻人把山洞的秘密说给了他。于是哥哥找了10匹马带了些大袋子进了山里，经过一番努力之后，他找到了那个山洞，于是他将那些袋子都装满，再运走。

　　贪婪的欲望，使哥哥迷失了自己的心。一次不够运两次，两次不够运三次，可是终于有一次，强盗们在他把财宝运回家之后回到了山洞。他们很快发现自己的财宝少了很多，他们肯定这个山洞被人发现了，于是他们在山洞里藏了起来，他们要等着那个夺取他们财宝的人。

　　当年轻人的哥哥再一次进洞里搬运财宝的时候，强盗们走了出来，年轻人的哥哥发现情况不对了，于是想夺门而

逃，可是他不是这些身手敏捷的强盗的对手，结果被这些强盗杀害后还把头挂在了洞里，以告诫那些发现洞中秘密并且想拿走他们财宝的人。

这个故事很简单，却告诉我们，如果一个人过于贪婪，就会鬼迷心窍，最终走上不归之路，就像故事里的那个人一样，为了一些财宝却命丧洞中，真是得不偿失。

美国耶鲁大学一位博士生曾经极有见地地写道："人类未来的希望不在于财富的增加，而在于欲望的减少。"

所以，只要我们对欲望有所克制，也就能够减少心灵的那份沉重，让我们活得轻松一些。

正确的欲望是走向成功的出发点

在现实生活中，因不当的欲望而导致心性偏移的人往往有一个突出表现，就是死要面子活受罪，不到黄河心不甘。这显然是错上加错，甚至最终是无法自拔的一个重要心理病因。倘若对此不能及时进行调节和矫正，势必会让小错酿成大错，最终可能导致由错变罪。所以，现实中的我们，应该拥有正确的欲望，因为正确的欲望是走向成功的出发点。

多方面的资料表明，欲望可以使一个人的力量发挥到极度。"欲"有广义和狭义之分。广义的"欲"，便是生命存在的动力，包括生存和生活的一切需要；狭义的"欲"便

是指男女两性的关系和饮食需求。无论是从广义上的角度来说，还是从狭义上的角度来说，只有一个人追求正确的欲望，才能引导自己向正面的方向发展。

在《史记·淮阴侯列传》中有这样一个故事：

汉将军韩信率军攻赵，穿过井陉口，命令将士背靠大河摆开阵势，与敌人交战。韩信以"前临大敌，后无退路"的处境来坚定将士拼死求胜的决心，结果大破赵军。

韩信是汉王刘邦手下的大将。为了打败项羽，夺取天下，他为刘邦定计，先攻取了关中，然后东渡黄河，打败并俘虏了背叛刘邦、听命于项羽的魏王豹，接着往东攻打赵歇。

韩信的部队要通过一道极狭的山口，叫井陉口。赵王手下的谋士李左军主张一面堵住井陉口，一面派兵抄小路切断汉军的辎重粮草，韩信的远征部队没有后援，就一定会败走。但大将陈余不听，仗着兵力优势，坚持要与汉军正面作战。韩信了解到这一情况，非常高兴。他命令部队在离井陉三十里的地方安营，到了半夜，让将士们吃些点心，告诉他们打了胜仗再吃饱饭。随后，他派出两千轻骑从小路隐蔽前进，要他们在赵军离开营地后迅速冲入赵军营地，换上汉军

旗号；又派一万军队故意背靠河水排列阵势来引诱赵军。

到了天明，韩信率军发动进攻，双方展开激战。不一会儿，汉军假意败回水边阵地，赵军全部离开营地，前来追击。这时，韩信命令主力部队出击，背水结阵的士兵因为没有退路，也回身猛扑敌军。赵军无法取胜，正要回营，忽然营中已插遍了汉军旗帜，于是四散奔逃。汉军乘胜追击，打了一个大胜仗。在庆祝胜利的时候，将领们问韩信："兵法上说，列阵可以背靠山，前面可以临水泽，现在您让我们背靠水排阵，还说打败赵军再饱饱地吃一顿，我们当时不相信，然而竟然取胜了，这是一种什么策略呢？"

韩信笑着说："这也是兵法上有的，只是你们没有注意到罢了。兵法上不是说'陷之死地而后生，置之亡地而后存'吗？如果是有退路的地方，士兵都逃散了，怎么能让他们拼命呢！"

后来，这个故事演化为成语"背水一战"，多用于军事行动，也可用于比喻有"决战"性质的行动。同样，在任何事业中，每个赢得胜利的人，都必须要有一种背水一战的精神，切断所有退路。只要这样做，他才会保持那种炽烈的求

胜欲望，而这种欲望是成功的根本要素。

一位成功人士说：

记得我在开办公司的时候，很多人都劝我不要再进入餐饮行业，他们认为餐饮行业的竞争太激烈了。但是，我并没有听取他们的意见，我认为只要选择了正确的发展道路，我就一定会成功，因为我的心中有一股强烈的欲望在驱使我走向成功。在这次创业过程中，与我同时留下来的还有一个人，记得当时他要留下来时，曾经对我说："我认为你就应该把总部建立在上海，如果你建立在了上海，你就能够大展宏图，取得最大的发展。"

这几乎是10年以前的事情了，到如今，我的公司已经在上海得到了长足的发展，并且现在还一直处于持续稳定增长的时期。从公司办公大楼那巍然屹立的外形来看，这正是其炽烈欲望所产生的意志力量所凝固，无疑这极具象征意义。对于我来说，创业是一件非常严肃的事。但在生意难做，或前途看起来黯淡的时候，很多人就开始退缩了，有的人甚至打点行装，迁至比较容易发展的地方去。

但我与其他创业者的不同之处，就是因为内心有了很强

的欲望使自己坚持了下来，最终走向了成功。特别值得注意的是，几乎所有成功者与失败者的区别，就在于这一点点上的不同。

　　一个人对生活的期望不能过高，虽然谁都会有些需求与欲望，但要与本人的能力及社会条件相符合。例如每个人到了知道用钱的年龄时，都希望有钱，但是钱并不是轻轻松松就能得到的，只要利用自己的能力，确定适合自己发展的计划，并以永不言败的坚毅精神坚持这些计划，这样就会带来事业上的成功。

欲望

　　你知道拿破仑是怎样经常在面对数量上占优势的敌人却能打胜仗的吗？靠集中兵力于真正的交锋！他手中的武器经常不如敌人的多，但起的作用却大得多，因为他不是分散火力，而是全部集中到了进攻点上！

　　如果你把用于漫无目的的梦想的时间集中在某一具体目标上，你就会创造出奇迹。在太阳下玩过放大镜的人知道，当透过的光线分散的时候，什么都不会发生，但是把它们聚焦到一个小点上，它们很快便会将物体燃烧。

　　你的头脑也是如此！你只能一次专注于一个念头。

"但是我怎么才能学会专注呢？"许多人会产生这样的疑问，专注不是学来的，它只是要去做的事情。每当你对某事产生足够兴趣之时，你便会集中注意力。对某场球赛非常感兴趣的人会雀跃不已，把帽子踩在了脚下也浑然不觉，还会忘情地拍着从未谋面的陌生人的背部，拥抱离得最近的邻座——这就是专注。沉醉于激动人心的戏剧或电影之中时，竟然忘记了乐队的演奏或周围的人们——这就是专注。

那就是专注的全部要义所在——对某事感兴趣的程度到了忘怀周遭一切的地步。

如果你非常想要某物，你不必担心自己是否有能力集中全部的注意力。你的思想会像蜜蜂对蜜一样自然而然地以它为中心。

因此在头脑中保持你最渴望得到的东西，肯定它们，相信它们是已成的事实。我再说一遍，最重要的因素是"相信你得到了它们。"潜意识极其听从暗示。如果你能真地相信自己已经得到了某物，你让潜意识记住这种想法。

那些住在漂亮的房子里，有大把的钱花，开着游艇或豪华轿车出行的人们大多数开始创业时是为了实现某个具体的目标。他们头脑中有一个明确的目标，而且所作所为都围绕

着那个目标。

　　而我们大多数人只是日复一日过着单调刻板的生活，为生计而奔波，没有具体的欲望，只是模糊地希望幸运会有一天落到自己头上。幸运可不经常玩这样的把戏。像这样的生活与动物的生活又有何异。我们整日整夜地工作就是为了挣买面包的钱，我们把所有的精力投入到第二天的工作就是为了能买更多的面包。这样除了每日为生计的奔忙又剩下什么了。我们唯一所有的只是操劳和挣扎。

　　你可以满足所有的心愿——只要你非常想，只要你执着于你的欲望，只要你懂得并且相信自己有能力实现。

　　生活中你的愿望是什么呢？是健康吗？在有关健康的章节，我们会教你如何能拥有健康——无须药物、无须艰苦的锻炼。即使你体弱多病，卧病在床，都无关紧要。每11个月你的身体便会在很大程度上更新一次。你现在可以开始完满地重塑体格。

　　你想要的是财富吗？在有关成功的章节，我们会教你如何增加收入，如何迅速在你选择的行业中出人头地。

　　你渴望幸福吗？按照此书列出的规则，你便会改变整个人生观。疑虑和不安便会消失，你便会得到永久的宁静和泰

然，你将拥有心之所愿，你将得到爱和友谊，你将感到幸福和满足。

上面这一问题的答案在于，你从未将你的欲望集中于一个占主导地位的欲望。你有的是许多微弱的欲望，你既想有钱，又想得到权势，还想能自由旅行。愿望是如此之多，如此之杂，它们互相抵触，结果就一事无成。你缺乏一种强烈的欲望，一个为了实现它你愿意舍弃其余一切的愿望。

但是在欲望实现之前必须让它进入潜意识。纯粹意识中的欲望很少对你有用。它就像是从头脑中穿过的白日梦一般不会留下什么痕迹。如果你能想象你向往的东西，如果你让潜意识坚信你拥有它，你便可以放心地找到获得它的途径，这件事交给你的超自我去处理。那创造了万物的心灵一定会欣喜地看到我们能享有这一切。

要有幸福，你不必等到明天、明年。要获救，你不必放弃生命。幸福的全部可能都在此地，都伸手可及。在每个人的生命之门打开的地方，都闪亮着一颗无价的珍珠——那就是理解人对地球的治理权。怀着这种理解和信念，你便能做成任何摆在你面前的事情，而且能使众人满意，并为自己造福。

发现你的欲望，将它烙印在你的脑海中，你便打开了机

遇的大门。请记住，在我们努力指给你看的新天地中，机遇之门永远敞开着。实际上，你会不断得到你希望的全部。因此时刻准备接收吧。你要做的就是永远敞开你的手臂，机遇的法则会源源不断地向你提供。

你自身产生了任何一种个人力量，尽管你可以改变、调整、培养和指引它。

机会

欲望是让你努力去做的原动力，我们知道，在现实生活的竞争中，如果要想使我们的欲望得到实现，光靠努力与坚持是远远不够的，我们需要的还有机会。

机会随时存在于我们的周边，我们也可以为自己去创造机会，只是看你如何去把握这些机会罢了。机会就像自然界的力量一样，永无休止地在为人类、在为社会服务着。从闪电永无休止地袭击森林，到我们用电替人类完成枯燥乏味的，甚至永不可想象的任务；从雨水带来的水灾，到水能给我们解渴、让我们的农作物不会干枯等等。然而，我们人类也可以从自身开发出许多上天赋予我们的能力。而且这种能力到处都有，重要的是有敏锐的眼光来发现，并且学会如何去把握这些机会。

　　需求是源于生活的，为了成功我们需要观察生活中世人有何种需求，他们的这种需求也就是我们发展的必须，换句话说，他们的需求就是我们的市场。只有当我们发现了这些市场后，我们才能想尽办法去满足这些需求。对于我们来说，每发现一个需求，就有一个市场由此而生，但是，当机会来到你的面前时，我们需要看到的是你如何去把握这个机会，如何去拥抱这个成功的机会。一项让烟在烟囱中逆行的发明固然精妙无比，但对人类生活毫无用处。华盛顿的专利局里装满了各种构思巧妙、造型别致的装置，但几百件里只有一件对世人有用处，尽管如此，仍有许多人醉心于这类无益的发明，直到家徒四壁。

　　需求源于生活，成功的机会源于生活。

　　张某是一个很善于观察的人，一开始时，他的生活很贫困，有的时候连饭钱都没有。一次，他打算去一家公司应聘，当他怀着激动的心情到达那家公司的大门口时发现，其他去应聘、面试的人大部分皮鞋都是亮得发光的，只有他和

少部分的人的皮鞋很旧，很不干净。这个小小的发现，让他想到了："我为什么不在人群很集中的地方摆一个擦皮鞋的小摊子呢？"一个想法，一个成功的机会，想到做到，于是一个来源于生活的机会被他牢牢地抓在手中。此前，他穷困潦倒，但是，就靠这个瞬间的发现，他成了一位富翁。成就大事业的人并非都是财大气粗之辈，"王侯将相，宁有种乎？"第一台轧棉机是在一个小木屋里制造出来的；第一辆汽车是在一座教学楼的工具室里组装完成的；收割机诞生于一间小小的磨坊；爱迪生早年作报童时，就已藏在火车行李车厢内开始了他的试验；非洲一个妇女，在没有电的时候一样能用洗衣机，不仅能把衣服洗得很干净，而且还能很快地把水甩干，原因是她发明了一台不用电的洗衣机，这台洗衣机还能锻炼身体。这些成功者们，都是在生活当中发现机会，并把握机会以至成功的。

　　我们不可能人人都像牛顿、法拉第、爱迪生那样有伟大的发现，也不可能人人都成为亿万富翁，然而，我们可以抓住平凡的机会并使之不平凡，进而使我们的人生变得更壮丽。我们下面要谈到的海星集团总裁创造的"西部奇迹"，

就是在这样的条件下创造的。

　　成功源于机会，成功源于欲望，机会可以把个人的欲望完全地变为结果。可以说没有康柏的出现，也就没有荣海的现在。但是，如果只有康柏，没有那种对成功的欲望和努力奋斗的过程就没有荣海的今天。荣海后来坚持做自有品牌，坚持走多元化发展的道路，这是因为在未来问题上，不做自有品牌就失去了很大的主动性；只做代理品牌，全部的命运掌握在别人手上，一切都是别人说了算。对于荣海来说，分分合合，因时而异，而自己也随之悄然壮大。

机遇引领欲望

　　一个人的机遇，会带领着你的欲望得到实现，当你怀着炽热的欲望要去做一件事时，你就开始走上了你的寻梦之路。在这些人看来，梦想不会在冷漠、懒惰或缺乏进取的人心中产生出来。

　　机遇只偏爱那些"有准备头脑"的人。为什么这么说呢？我们先从"有准备头脑"来说，"有准备头脑"包括很多的内容，而见识和胆略是其中最基本的一项内容。有见识和胆略的人才有可能抓住机遇，而缺乏见识和胆略的人即使机遇频频向他招手，他也经常视而不见，就算看见了也不会

抓住。所以我们应该学会当机遇不在时，就要去寻找机遇！善于抓住机遇的人，具有敏锐的目光，机遇一出现，他就立刻出手。因而，机会永远只属于醒着的人，对于那些不够清醒的人来说，只有在回忆中才会发现机会在哪里。对于这样的人，机会永远也不会垂青他们。

在前面我们说过，海星的荣海为了得到康柏的代理权，从西安坐飞机追到深圳，从而得到了成功，荣海的机遇是自己抢来的，也是自己创造的。由此，我们更加能肯定，一个人是否能得到机遇，是否能够得到成功，还取决于个人的心理素质。一般来说，抓住机遇的人都比较注意自我的发展，有较高的成就欲；相反地，那些没有抓住机遇的人，往往是一些缺乏自我发展欲望且没有远大志向的人。此外，能否抓住机遇还在于是否有极强的竞争欲望。机遇总是与人的强烈进取心联系在一起的，缺乏与他人竞争的勇气，以弱者自居，不敢与强手较量的人，是抓不住机遇的。

从某种意义上说，机遇是实力、是准备、是需要！可能碰撞只是刹那之间！这样来看，令人捉摸不定的机遇其实并非毫无规律可言，善于把握机遇也并非富豪们与生俱来的能力，而是他们的一种财富品质。

张其金说："现实社会中，每个人都有很多机会，尤其是现在的年轻人。机会多，但是不代表他们成功的机会多，机会有了，还要看他们能不能抓得住。"

这些年轻人在他们成就这种机会的过程中，一定会有这样或那样的阶段，包括曲曲折折、成败得失。健康的年轻人应该能够把机会实现，把它有效地装在自己的生命历程中。现在的年轻人，追求欲望、实现欲望的心态很强烈，尤其是占有欲望大过他实际的创造，这很可能使年轻人在个人品质塑造与社会发展整体需要方面发生脱节。所以，我认为这些年轻人有必要注意下面三个方面的培养。第一，要拥有"得亦淡然，失亦淡然"的心态。当面对这些机会时，不能简单地以既得利益的心态或一时成败的心态来对待这种机会；第二，学会尊重财富。现在有很多的年轻人在这方面的意识都很薄弱，所以，建议这些年轻人学会尊重财富，并且健康地去认识它；第三，健康的社会是一个法治的社会，这个社会要靠每一个人尤其是年轻人来维护和遵守，而不是怎样去躲避它，或者怎么样去钻法律的空子。所以，年轻人在个人的行为方面，要学会用法律准则来要求自己。

年轻人需要培养这三个方面的素质，那么，作为一个企业的最高领导者更要如此。作为企业的最高领导，你代表的是你的企业和你企业下的所有员工。所以，你需要研究企业如何生存的问题，要随着信息时代的变化和要求来改进企业，要有"攻"的精神和很强的进取心，还要敢于冒风险。毕竟在机遇与风险的挑战面前，有准备的头脑从不放弃搏击的机会。我们要知道，机遇是挑战，在商场上，机遇更是一种决定成败的关键因素。

变"不可能"为"可能"

　　一个女人因为一场车祸变成了植物人，从此她没有了知觉，变成了十足的活死人。她在床上一直昏睡了16年，所有的人都以为她再也不会醒来了。

　　可是，有一天，她竟奇迹般地苏醒了。然而，这个世界已经变了。丈夫已经有了新的妻子，儿女也已长大成人，大家都在自己的世界中忙碌着，似乎不再需要她了。一直是一个家庭主妇的她，毅然决定去找工作，找回失去的人生。一个既缺乏工作能力，对这个社会又一无所知的人要被社会接纳，可想而知会是多么困难。然而，她总是这样告诉自己：

"我已经把不可能的事都变成可能了，我赢回了生命，还有什么是不可能的呢？"她凭着坚定的毅力，最终取得了事业的成功，更将丈夫也赢回了身边。

这是电视剧《婚前婚后》的故事情节，主人公不相信命运，毅然坚强地与命运作战，终于将不可能变成了可能，走出了人生的灰暗，走向了精彩的人生。如果当初她一味低沉，失去对生活的信心和勇气，那么她的人生又将是另外一种样子。

在我们的生活中，我们是否会发现这样一个现象：恍然间听说读书时的某位同学成了什么什么官员，而他曾经默默无闻，连一句话都说不完整。其实，任何人都有可能成功，那是由一串串"把不可能变为可能"而造就的；也听说某位大学同学几年下来，却弄了个灰头土脸，找不到自己发展的道路，渐渐滑入平庸与无味的轨道，而他本来聪颖杰出，这或许就是走入了"把可能变为不可能"的怪圈吧！

世界上没有任何事情存在着永远不可能的因素，只要你去努力了，就能把不可能转变为可能。一位体育冠军曾经说过："尽你最大的努力做这件事，不可能也会变成可能。"

很多时候，那些看似无法跨越的障碍往往都是人为附加

上去的东西，而如果可以突破这种障碍，在心中树立起可能的信念，那么人生也就没有什么是不可能的了。

一位飞行员正在野外的军用飞机场上用自来水枪清洗战斗机。突然，他感到有人用手拍了一下他的后背。回头一看，拍他的哪里是人，分明是一只硕大的狗熊！它正举着两只前爪站在他的背后！飞行员急中生智，迅速把自来水枪转向狗熊。也许是用力太猛，在这万分紧急的时刻，自来水枪竟从手上滑了下来，而狗熊已朝他扑了过去……他闭上双眼，用尽全部的力气纵身一跃，跳上了机翼；然后大声呼救。

警戒哨里的哨兵听见了呼救声，急忙端着冲锋枪跑了出来，把狗熊给击毙了。

逃离死亡线的飞行员令许多人都大惑不解：机翼离地面最起码有2.5米的高度，飞行员在没有助跑的情况下居然跳了上去，这可能吗？除非他曾经是世界跳高冠军，但是跳高冠军也没有达到过这个高度。人们开始怀疑这个飞行员身上有什么特殊的潜能，于是很多科学家前来找他做实验，以证明他身上所蕴藏的巨大潜能。但是无数次试验过后，没有一个科学家不是失望而归的，他们一致认为这个飞行员只是一个

再普通不过的人，他并没有什么天赋甚至潜能，如果说有的话，那也只是在外界对其施加压力的情况下产生，比如狗熊对他的攻击。

许多时候，我们认为自己不能，往往是因为缺乏外界的刺激，树不见风雨难成才，人不经苦难难成功，无论何时都要有充分的自信，而不是放弃和绝望，这样才能经历风雨之后见到彩虹。

有一个人，他的命运是悲惨的，他天生严重残疾，17岁接受截肢手术，29岁患上癌症，却创造了正常人难以想象的奇迹。他的名字叫约翰·库缇斯，澳大利亚人，国际著名的激励大师。

这个人是不幸的，不健全的身体给他带来许多的磨难和痛苦，为了战胜自己，他流下了太多的泪水和汗水；这个人又是幸运的，在他的激励下，有更多的人面对人生的坎坷没有低头，勇敢地战胜了自己。

"别对自己说不可能。"约翰·库缇斯经常这样对人们说。他坚持用手支撑着走路，用溜冰板去旅行，并且考取了驾驶执照；他夺取了澳大利亚残疾人网球赛冠军，举重比赛

亚军；他在澳大利亚足球、橄榄球、板球等体育机构中取得了二级教练证书；他去过190多个国家，接受过前南非总统曼德拉的接见。自2003年开始，约翰·库缇斯每年都来中国，先后到北京、上海、广州、长春、乌鲁木齐、郑州等50余座城市做过100余场演讲，受众50万人。他结合自己经历的演讲震撼人心，全世界受到他激励的人超过200万人。

世界之大，无奇不有，其实这"奇"的背后不知隐藏了多少辛酸的血泪，这"奇"是人们用打不倒的信心创造出的神话，这"奇"标志着一种要让不可能变成可能的信心和梦想。

没有电灯之前，人们认为用电来照明是不可能的，但是爱迪生梦想让世界充满光明，于是他发明了白炽灯泡，把不可能变成了可能；没有飞机之前，人们认为像鸟一样在空中飞翔是不可能的，但是莱特兄弟梦想让人们飞翔高空，于是他们发明了飞机，把不可能变成了可能；还有许多发明创造，都无不说明了只要有信心就有可能实现一切被认为不可能的事。天下无难事，只要肯攀登。只要肯努力，肯相信自己，肯付出艰辛的汗水，那么一切皆有可能。

就我自己的经历而言，我也认为只要努力就有希望将不可能变为可能。

　　我在刚入大学时，学校里组织了很多社团，有文学社团、演讲协会、歌唱协会等，当时这些社团都在新生开学时招收一些新成员入会，但是也不是所有报名的人都可以加入，所有人还要通过筛选和当众的即兴演讲才有可能参加。当时我出于试一试的念头，就报了名，并没报太大希望，因为我觉得像我这样平凡的人在学校里比比皆是，从这么多人中脱颖而出简直是不可能的。然而出乎意料的是，经过一番能力测试、即兴演讲之后，我竟奇迹般地被选中了，学生会里的领导说我的口才不错，适合在社团做事。当时演讲协会里正好缺一位副会长，于是他们就让我担任副会长的工作。

　　其实，当我回过头来再看那些和我一同报名的同学时，我觉得自己和他们几乎没有多大的差别，而他们也不是特别优秀，只是我在当时把别人的能力无形地夸大了，而将自己的能力无形地贬低了。

　　其实，我们身上蕴藏着巨大的能力，只是我们自己总是看不到，反而只看到自己缺陷的一面，于是片面地认为凡事都没有希望，久而久之，也就丧失了那一点点可怜的自信心。

　　无论我们面临的是学习还是工作的压力，无论我们身处

顺境还是逆境，只要我们有自信，就可以用它神奇的放大效应为我们的表现加分。因此，只要我们有信心，在别人看来不成功的事也会有成功的可能，在我们的字典里就不会存在着"不可能"这个词。

如果现在"不可能"还在你的脑海里，就从此刻起把它改成"有可能"：成功有可能，开心有可能，幸福有可能，一切皆有可能。

第五章

增强内心的能量

神奇的内在力量

　　想让自己的生命更有力、更健康、更幸福吗？如果想，那就一定要培养自己的力量意识、健康意识和幸福意识。你要学会感悟它们的力量，并从中汲取精神能量，直到最终拥有。到那时，你将完全融入其中，永远不怕会失去它们。只要拥有内在力量，并学会控制，世间万物都将为你而改变。

　　这种力量无须从外界获取，因为你早已拥有了它。不过，你必须学会理解它、运用它、控制它，全身心地接纳它。如此一来，你便能勇往直前，征服全世界。

　　时间消然流逝，每当你勇往直前，制订明确的计划，并

有深刻的感情的时候，你将意识到世界绝对不是表面看起来那样死气沉沉，而是到处充满了灵动的生命！在这里，每个人都有一颗鲜活的心，一切都是那么生机勃勃、那么美好。

所以，我们何不敞开心扉，去感悟一切呢？只要深入感悟，你会发现自己沐浴在新的阳光之下，充满了崭新的力量，拥有了更加强大的信念和动力。有朝一日，你会发现所有的希望和梦想都变成了现实，生命的意义也比以往更深刻、更丰富、更清晰了。

不借助内在力量，没人能进行创造。只要是了解了自身的智慧和道德力量的人，无论做什么都会坚持己见。正因为如此，如今的世界才会变得如此美好。其实，每个人都有不可估量的潜在力量。

粗心大意的人可能会认为，"寂静"非常简单而且容易实现。然而寂静指的不是外部环境，而是人的内心。渴望智慧、力量或者任何不朽成就的人，都会在内在世界中找到这些。内在世界会不断为你揭示各种各样的奥秘。但是要记住，只有在绝对寂静的状态下，才能领悟到永恒不变的法则。

我们已经知道人的身体每隔八到十一个月就会完全地更新一次，那么你可能会自然而然地想着自己还很年轻，可

是仅仅在心里认为自己年轻是不会让你看上去就是年轻的。为了永葆青春，就必须要消除那些认为自己已经老了的潜意识，同时你还要尽量减轻自己的焦虑感。一旦你开始焦虑不安，就会使得自己的模样和身体逐渐老化，不管你在心里是多么坚定地认为自己还是很年轻的。所以，仅仅自以为年轻是没有用的。你需要思考如何才能保持或再生青春。如果你想要看上去显得很年轻，你的心就要充分地感受青春，只有当你全心全意地去感受青春的那种感觉时，才能感受到真正的韶华时光。如何才能全心全意地去感受青春呢？那么你就必须要铭记一点，那就是，青春的缔造者是你的身体和心灵，你必须要培养自己只去关注和认识那些不朽的事物。

如果我们感受到的是岁月的流逝，那就会想象自己承受着岁月的压力，而这样的感受毫无疑问会让身体显现出岁月雕刻的痕迹。随着假想的时光负担越来越沉重，人们就渐渐衰老了。可是如果人们感受到的是青春的蓬勃气息，那么你看上去也一定是青春逼人的，只不过仅仅感到年轻的气息并不一定就会让你真正变得年轻起来。真正年轻的感觉只有当我们真正开始有意识地感受青春并将此刻的感受弥散到整个心灵世界当中才能感受得到。

"力由心生"

事实证明，"心想"才能"事成"，"事成"取决于"能力"的高低，而"能力"的高低取决于"梦想"的大小。

如果不具备某种能力，人类就无法发挥其力量。要想拥有力量，就必须意识到力量的存在，而要意识到力量的存在，人类必须懂得"力由心生"的道理。

内在世界的确存在——它是一个思想、感觉和力量的世界，一个光明、生动而美丽的世界。虽然它无形无色，但强大有力。

思想控制内在世界。只有发现并认识内在世界，我们

才能解决各种问题，所有因果关系。既然内在世界能受人控制，一切规律、力量和财富也将被人掌握。

外在世界是内在世界的体现。俗话说，相由心生。内在世界蕴含着无限的智慧、无穷的力量以及无尽的资源。它将满足人类的一切需求，并等待人类去发现、去开发、去表现。一旦内在世界的潜能被人发现，它就能在外在世界展现。

内在世界和谐，将通过外在世界和谐的境况、舒适的环境以及万物的生长状态体现出来。内在和谐共振是健康的基础，是一切伟大、力量、成就、造诣、收获以及成功的必要条件。

内在世界的和谐，意味们有能力控制自己的思想，决定外在经历对我们能产生多大的影响。

内在的和谐会让人乐观而满足，而内在的满足将带来外在的富足。

外在世界是内在意识的体现。

如果内在世界充满智慧，人就能辨识内在世界的潜能，并能在外在世界体现这些潜能。

如果内在世界充满智慧，人就能拥有精神智慧，而精神智慧能转化为实际的力量和财富。因而，内在智慧是人类完

善自身、和谐发展的要求。

内在世界是真实存在的。你可以依靠内在力量产生勇气、希望、热情、信心、信赖感以及信念。借助这些能力，你可以获得规划和实现梦想的聪明才智以及特殊技能。

生命是开放的，而不是封闭的。凡是外在世界获是的东西，都是人类在内在世界已经拥有的东西。

激发内心的积极力量

有许多人都以为可以通过阻止别人成功来让自己获得成功，可其实这是世间最荒谬的想法之一了。如果你想要在能力允许的范围内取得较大成功，那就要以一个积极的心态看待别人的成功，因为这不仅能让你培养对于成功的正确态度，促使你理解真正的成功，也会拓宽你的视野，让你对所谓的成功有更全面更真切的认识。如果你试图阻止别人取得成功，那你的这种态度就很危险了，早晚会影响到别人，而如果你对别人取得的成就坦然看待，保持平和的心态，这样你就能为酝酿成功积累力量了。

　　关于这一点，我们不妨问一问那些成功人士他们能够成功的原因，问问他们为何有那么多人能成功，却又有那么多人惨遭彻底的失败。这些问题一定困扰了大多数人，他们可能会给出花样百出的答案，可只有一个答案是最契合的。那些人一次又一次遭遇失败是因为他们的思维总是处于消极的状态，而且又总是容易进入误区。如果精神力量不是向着一个明确的目标并以积极而富有创造性的方式为人们所利用的话，那么人们就不能走向成功。如果你的思维状态不是积极，而是消极的话，消极的思维总是会随波逐流。

　　我们必须要铭记一点，我们所处的环境千变万化，有些是有利于我们的，而有些则不是，我们要不就坚持自己的方式生存，否则就只能随波逐流了。但毕竟大多数人的生存方式都过于平凡。所以，如果你跟随着他们，你就只能耽于平庸，你的梦想也注定是失败。

　　当我们审视那些失败者的心理时，我们会发现他们无一例外的都持消极的处事态度，游手好闲，漫无目的地活着。他们的力量七零八落，他们毫无个性可言，整日消沉。他们的神情总是飘忽不定，这说明他们已然迷失了方向。他们的内心世界里积极、果敢的天性已经荡然无存。他们没有付诸

具体的行动，只是一味地仰仗命运和环境。他们总是随波逐流，终归只是一事无成。可这并不意味着他们天生就是如此；事实上，他们的思维世界里也充满了无限的可能。问题在于这些可能性都潜藏着，他们并没有真正地开启，让这些可能性都成为现实。

不过这些人如果马上执行我之前提到的那三点，风水自会轮流转。他们将不再随波逐流，会开始全新的人生，拥有全新的环境，命运也会从此改变。关于这一点你务必铭记，那就是消极的人或是迂腐的思维不会吸引那些能给你带来帮助的人或事。你越是随波逐流，你就会遇到更多和你一样随波逐流的人。而当你开始新的生活，改变消极心态的时候，你就会开始遇到越来越多积极的人，你的生活环境也会越来越精彩。

这就解释了为什么人们说"上帝总是会帮助那些能够自救的人呢"。当你开始自救，也就是最充分地利用你的力量，那么周边的环境就会越来越对你有利。换言之，富于创新的力量会互相吸引；积极的力量同样会互相吸引。成长的思维将能吸引能促进其发展的力量，而坚定发展自身的人会发现周围的环境越来越有利于让他们有机会发掘自身的潜力。这条法则不仅适用于外部世界，更适用于人们的内心世界。

　　当你开始积极而坚定地利用你自身力量的时候，那你就已然处于积极的行动状态中了，你将潜在的力量注入到行动中，坚持这样以后，你就会发现自己已然在内心世界积累了更多的力量、更高的能力，最终你会成为一个精神上的巨人。要是你变得更有能力，更多更好的机遇就会不请自来了，这些机遇中不仅能让你获得物质方面的成功，更能让你积累能力和才干。你也可以把这条法则叫作"一事成则事事成"或者"马太效应"。要知道并不一定一开始就要占有。不过你必须要自一开始就拥有丰富的精神财富；也就是说，只有先支配你自身的潜力，你才能朝着某一个目标积极地运用你的潜力。

　　那些能控制自己思维的人已然很富有了，他拥有足够的财富来跻身富人之列。他已经成功了，而如果他能坚持，他早晚能在外面的物质世界获得成功。所以我们可以认为精神财富能带来物质上的富有。这是永恒的真理，世界上谁都能适用这一个法则。

　　而有那么多人失败的原因在于他们没有充分并且创新地运用自身的力量和才能；而那么多人只是获得一星半点成功的原因在于他们只恰当运用了一部分的力量。而那些真正懂得如何充分而恰当利用自身力量的人们无一例外地会执行上

文提到的那三点内容。那些真正的成功人士在于他们能够依照这三点合理地利用自身大部分的潜能，当他们这么做的时候，他们就绝没有不成功的可能。

有时候我们会遇到这样一些人，他们资质平庸，却成就斐然。我们也会遇到恰恰与他们相反的人，这些人很有才华，事业却不如意，或者止步于一点点小小的成功。一开始我们会觉得这样的事情有些蹊跷，百思不得其解，但当我们了解了成功以及失败的过程之后，这其中的原因就呼之欲出了。那些资质平庸的人，倘若他们遵从上文的那关于恰当利用精神力量的三点内容，那么他们的成功就不难理解了，而这些人能力越强，相对应的，他们所取得的成就就越大。而那些才华横溢却没有执行那三点的人就理所当然会失败了。

为实现目标对精神力量积极而有创新性的利用，毫无疑问会带来成功、进步。然而如果我们想要更为充分地利用自身潜力的时候，那就要更加深入到思维活动当中去了。而且除了恰当运用精神力量，我们还必须学会更充分地利用它，这里是指能恰当而充分地利用所有思维，内心世界和力量的核心以及一般的心理活动及力量，而对此除了要了解意识还很有必要了解无意识。

正直

　　生命和生活是美丽的，正是这种美丽，才让我们树立起了一种追求完美的动力。

　　但是，在这个世界上并没有什么十全十美的东西，人也如此。俗话说，"人无完人，金无足赤"说的就是这个道理，因此，我们要改变能改变的，接受不能改变的。可是，看看我们的身边，有多少人在追求这种完美呢？他们对生活、对人生都采取一种玩世不恭的态度来对待，他们从来就没有感受到生活也是一种享受。他们常常不会这样做：当久违的朋友来到时，能够坐下来畅谈人生的得失与悲欢，他们

更不会坐下来叙叙友情，交流一下生命的感悟，再走进朋友的内心，抚慰一下被现代生活挤压的心灵。

和那些已经取得卓越成绩的人来相比，那些平常之人所做的平常事，就未免显得平淡无奇了。然而，正是这种平淡与无奇，才使我们的生命增添了许多的色彩。

我有一位朋友，是一个推销员，他每天按照经理的吩咐向顾客介绍产品的优点，久而久之，便厌倦了这种工作方式。一天，当一位顾客光临的时候，他在介绍产品优点的同时也介绍了产品的缺点。顾客听完后没说什么就走了，经理非常生气，决定解雇他。正当这位推销员带着行李要走时，刚才那位顾客又回来了，还带来了一些人，这些人都准备买他的东西，就因为推销员是个诚实的人。

一位朋友曾经给我讲过他自己亲身经历的一件事。他说："大学时，我曾经在一家乳清饮料公司工作，我是一名经销商，经过努力，我的业绩达到全公司最高点，并拥有一个销售站。但是，由于公司部分领导人员缺乏正直及踏实的精神，最终导致整个公司瓦解。即使如此，仍然使我学习到许多宝贵的东西，如销售商品的技巧以及如何和他人共事，

而更重要的是我了解到，如果一个人既无能力又缺乏正直的品格，他便非常容易失去他已经达到的高度。"

　　这就是说，只要我们对自己的内心有一种完美的追求，我们的人生就会变得非常有意义。就大多数人来说，他们一生的命运已经定位在做一个平常人的位置上，他们拥有平淡无奇的生命；对很多职场人士来说，他们同样日复一日地做着平常的事，他们没有任何进取的意识，同样为拥有平淡的人生而忙碌着。即使是在灿烂多彩的社会生活中，那种惊天动地的英雄之举，惊心动魄的龙争虎斗，对他们来说，也很少出现。

　　就从事商业活动来说，绝大多数人都"在商言商"，在他们看来，只要你进入商业圈，不管你从事的是什么样的职业或代表的是什么角色，都与金钱脱离不了关系。当然，家人、友情及人际关系则是建立在那些比金钱更重要的事情上。在他们看来，一旦从商，能力与正直就会变得更加重要，因为没有一个人希望买到劣质产品，或者受到无礼的服务。当然，也没有一个人想和那些无知、没有技能以及不诚实的人交往。一个正直的人会在适当的时机做该做的事，即使没有人看到或知道。

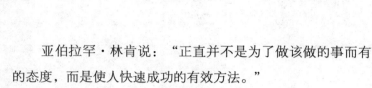

亚伯拉罕·林肯说："正直并不是为了做该做的事而有的态度，而是使人快速成功的有效方法。"

生命是一个过程，在我们享受整个过程的时候，我们也要追求内心的完美。毕竟没有把完美根植于内心，就不会品味到人生的幸福。没有享受过完美的人，就不会创造出惊涛骇浪的事业，因为在他们看来，如果一个人缺少了内心的完美，就会无所作为。

审视和调整内心

在我们的内心深处，有一种全力的力量和意识正以令人难以置信的意志和决心唤醒酣睡中的世界，也让我们必须重新审视自己的内心。在人们眼中，世事如白云苍穹，变幻莫测。其实，这只不过是精神事务而已。推理是精神的过程，观念是精神的孕育，问题是精神的探照灯和逻辑学，而论辨与哲学则是精神的组织机体。这种精神就是居住在我们心灵深处的终级能量。精神能量既存在于物质也存在于心灵，它也就是维持一切、使生命能量无处不在的宇宙能量。

将人体比作一个活的"发电机"再合适不过了。因为人

脑中能够源源不断地产生出惊人的能量，尤其是创造力。如果我们能够将健康人群所产生的能量进行量化，所得结果会是惊人地庞大。然而更加令人吃惊的应该是自然所赋予一个人的能量，而一个人所消耗的能量与所得到的相比仅是九牛一毛而已。接下来，我们就来了解这一现象的原因，以及对这一巨大能量没能得到充分利用的解释。

广泛意义上讲，创造力是指人体内无处不在的产生、形成和再造的能力。它可以分成很多各具功能的部分，诸如有的部分可以产生思想，有的再造脑细胞，还有的产生神经组织，肌肉组织；此外，还有的可以产生组织液，有的产生想法，创造天赋和能力，有的创造种属基因，还有许多其他创造人体中诸多的生物结果。因此，人体内同时进行着各种各样的创造活动，每种活动都有其对方的提供支持的创造力。

最有意思的是，大自然通过其特有的方式向人体提供着超出所需的能量。这样便导致了人体中充满了过剩的能量。每次创造活动都只会消耗一定的能量，绝大部分剩余能量最终都会白白浪费掉。这样，我们所讨论的问题的至关重要性就暴露出来了。

所有的创造能力都是紧密联系的，彼此可以相互转化。

一种创造活动中冗余的能量在他处依然可以发挥作用。从而就使得原本要浪费的能量转化为所需的思想和想法，或者被用于创造各种人体所需组织液，或者支持肌肉活动，和任何一种关键器官的功能。这样任何两种创造活动之间都能相互结合，随时可以在体内各部分创造更多的能量。

人体内产生的能量大部分是多余的，它们没有机会在正常的活动中发挥作用，不论是心理还是生理方面。人体中有多样的个性可以产生巨大的能量，但却足足有四分之三会被浪费。因此我们要考虑的问题是，这些剩余的能量怎样可以利用起来，如果我们将此用到一些特殊的功能中，又有多少可以被消耗掉？

如果一个人仅仅依靠他所拥有的能量中的很小一部分即可有所作为，甚至成就颇丰，那么显而易见，如果他能找到更多的途径，在这些方面充分利用他所有的能量，他就可以做出更大的成绩。事实上，如果他可以找到这些途径，他的工作强度，以及能力都会增长好几倍，他的成就也会相应增加。

如果一定的能量可以带来一定的工作能力，那么如若将运用的能量加倍，它所逞现出的勇气会成倍地增长，这一假设已经被证实了许多次。很多人尝试过要将其自身的创造力进行转化，并将这一能量专门用于某一特殊能力的发展。结果显示，他们在这方面的能力确实提高到了令人瞩目的水平，但这种提高都是暂时的，不会持久。说明这种方法不是完全可靠。尽管如此，这种手段的确可以锻炼脑力，使头脑更加灵活。在此值得我们注意的是天才的形成与前者有着密切联系。诸多现象表明，如果一个人体内的能量能够自然地倾注于某一方面，那么此人在这方面必然有着超人的天赋，显然天才就是这样形成的。

　　为了进一步说明这个问题，我们可以选择人体能量相当的两个人做以下实验。让其中一个人像普通人一样，将其能量用于不同的能力发挥上。每种能力上分配特定的能量，剩余的能量任其白白浪费掉。结果我们发现此人没有任何非凡成就。对于另外一个人，我们指定一个方面，让其将能量都专注于此，并将此铭记于心。最终我们发现第二个人在此方面的能力迅速提高，一个天才诞生了。尽管我们研究过的天才都是如此产生的，无一例外。但是不是每个天才都是如此产生的，我们还无法证实。可以肯定的是，如果一个人将其富余的能量都专注于一个方面，那他在此方面都会更加出色。

　　因此有必要对这种方法怎样在任何环境中都可以成功实

施加以研究。首先，我们必须了解不同的创造力是怎样发挥作用的。事实上，每种不同的创造力都会自然而然地或者因人的习惯而用于人的思想或者身体的某个部分。也就是说，在人体内存在这几股能量流，他们会流向人体不同的部分，发挥其独特作用，这样就会消耗一部分能量，剩余部分付之东流。了解了这个过程之后，我们面对的就是如何能够施加人为影响，对能量流进行优化配置，使其发挥应有的作用。这样不仅可以减少损失，还可以相应地提高自身能力，一举两得。

简言之，我们迫切了解的是如何充分利用剩余的能量，也就是，在提供所有正常功能所需能量之后的剩余部分，我们应该如何将其应用以有效提高我们的工作能力。

要了解这一问题，我们必须首先学习"转换"的技巧。我们在此所称的"转换"并不是那些只有少数人可以理解并且应用的神奇技能，而是大自然中基础的，也就是自然进程中永恒的东西。大自然在持续不断地将其能量进行转化，也正因为如此，自然界领域中才产生了许多奇妙的现象。甚至人类社会中，一些下意识的行为都是这一转化的结果。

如果一个人做出了超乎一般人的成绩，那肯定是转化

　　规则造就了这种成就。或许我们是在无意识中运用了这一规则。尽管他过去无意识中所做的事情完全可以有意识去完成。如果一个人长久地按照某种模式进行思考，他就会完全地沉浸其中，投入全部精力。我们发现，这种状态下的思维无一例外地都会消耗人体更多的能量。要是能量消耗巨大，就会使人们暂时搁置各种欲望，而且人体生理器官的活力也会下降至低于正常水平。

　　处于这种精神状态的人经常会失去对食物的欲望。许多发明者完全地投入到其实验中，以至于连续几天都想不起来吃饭。这种废寝忘食的例子屡见不鲜，在其他领域也比比皆是，尤其是作家、作曲家还有画家，他们可以将全部精力都投入到手头从事的事情上。这种转化是从何而来的呢？当人们的思想为满足自己的需求，从身体中提取大量的能量时，其他正常的人体需要就会相应降低以至此方面的欲望会暂时消失。

　　还有一种广为人们熟知的现象，那就是当人们的思想完全沉浸于某种完全不同于自然欲望的欲望中时，人们的自然欲望就会暂时性的完全消失。从这里我们就找到了一种改变原有习惯的方法。如果你将你的注意力转移到另一种欲望

上，这种欲望完全与你习惯中想要做某种事情的欲望相反，并且你将所有的精力都投入其中，那么很快维持你习惯的欲望的能量来源就被断绝了，你的习惯也就因缺乏能量而消失。

同样道理，对于有过于物质倾向的人来说，他们也可以通过将其注意力完全而长久地投入到相反的理想的一面来克服这种习惯。这样，人体内的维持物质倾向的能量就被转化成为更具有积极作用的能量，从而有助于建立更加理想的体格、思想和个性。

不论是在自然界还是人类经验中，关于能量转化的例子都俯拾皆是。我们没有必要为了这个问题再去研究人类正常活动之外的范围。我们要研究的是在人体内每时每刻都在发生的转化。我们想去研究怎样可以对这种转化进行干涉，以便更好地加以利用。

我们学习利用转化规则的首要目的是将剩余能量全部用于更好地工作，或者发展一种技能和本领。仅这一项应用即可使人们的工作能力提高一倍，可以发展人们的能力和本领，还可以为剩余能量提供用武之地。设想一下，假若你有一种欲望，想要实施某种计划，但是你知道现在时机未到。为了不让欲望中充满激情的能量流失，你就会为这些能量提

供另一种用途。

　　第二个目的是将剩余能量用于脑力方面。这样，我们就能够得到更多可用的能量，或者为体力活动提供更多能量，由此脑力活动可以更矫健，头脑更灵活。

　　第三个目的是体内某一部分的能量有所剩余时将它们转化为能力和本领。在这里有必要提到，一个思想纯洁的人，即使其他方面并不出众，也势必比思想不纯洁的人更加灵活，更有能力，更有耐性。因为思想不纯洁的人将他的能量用于培养低级趣味的不良习惯了，而思想纯洁的人将他的能量都用到了发展能力和天分之上了，自然结果也就相差甚远。

　　上述三个目的若能实现，我们就避免了精力和个人能量的浪费。我们完全可以控制自己的欲望；我们可以去除精神中的糟粕，也可以通过有效的方式运用我们的能量，即使不能将我们的生活和力量转化为显著能力和罕见的天分，至少可以将它们转化为更强大的精神动力和卓越成就。

　　我们现在来做个实验，将你的全部精力集中到思想上，并保持几分钟，在心中默念这样的欲望，将你所有剩余的能量都用到思想上来。然后让自己按照这种思维最活跃的状态进行思考。这样坚持几分钟，你会发觉自己头脑中充满了新

奇的想法。在接下来的几个小时里，你的脑中总会出现比以前更有创意更有价值的想法，间隔一段时间重复一次。接下来的一些日子你需要一遍遍地重复，这种意识就会逐渐得到强化，直到你最终获得了足够有创意的想法，这些想法可以让你在工作中有所成绩。

要学习转化的技巧，最重要的一点是要有这样的想法，即所有的剩余能量都正在向你已经设定的方式转化。比如，假设你是一个商人，那么你想的就是将你所有剩余能量都积聚到你的商业能力中。为了促使这一目标的实现，你要不断地想象着你的能量正在向这一能力上转化。这种思维方式很快就会将你做你想做的事情的习惯传递到你的能量中了。

有一个很有名的定律，那就是如果我们坚持不断地按着某个思路考虑一件事情，大自然就会获悉我们这一愿望并帮助我们实现它。还有一个同样重要的定律是说，如果我们关注自己的某一种天分或者身体的某一部分，无形当中也就为能量创造了这种天分或部分的倾向。这样我们就理解了要关注我们内心到底想要什么这一想法的价值。我们通过自己的想法和欲望将某种思想牢固地储存于我们的头脑中，这中思想最终会演变成一种下意识的习惯。如果一种思维一旦变成

了一种下意识的习惯，这统治会自动发出行动，也就是它可以不经人的大脑的控制，自己做出行动。

在转化之前，你有必要积极主动地做出决定，你到底想要你体内剩余的能量做什么。你必须清楚你想要什么。然后抱着你对想要事物的欲望去追求。但是很多人就此失败了。因为他们不清楚他们想要做的是什么，或者想要将什么做得更好。因此他们的能量的去向就很不确定，一会儿被用来做这件事情，一会儿又被用来做另外一件事情，三心二意，最终什么也没做成。如果你是一个发明者，那就坚定信念，将你所有的剩余能量都用于你的发明能力的发展上。如果你是一个作家，那就将你所有的剩余能量都用到你文学天赋的发挥上。不论你在从事什么或者想要从事什么，都要将你的能量用到你所从事的事业中，很快你就会发觉你在这方面的能力和才能有所增长。如果你决心献身于此，你的能力也会持续发展，直到你老去的一天。

第二个要点是，要迫切地希望你全部的剩余能量都用于你选择的事业发展上。你的欲望在哪，动力就会朝向哪里。这就是迫切的欲望如此重要的另一个原因。但是，这里的欲望必须坚定而又理性，不要脆弱或过于强烈。

　　第三个要点是将你的精力放在一个方面，这个方面我们可以用"心理"称之。在心理活动过程中，集中精力在你希望你的剩余能量增长的部分上。这一点或者这一过程就是转化的真正技巧，而这一点也是最易操作的。要掌握这一技巧，就必须做大量的练习。但是不论你将精力倾注于心理方面，还是根据自己的意志将注意力放在你身体的某一部分，并且你希望你体内的能量能在心理方面或身体这部分增长，你的这一愿望都可以在短期内实现。

　　通过以上过程，你可以将你的欲望消灭在转瞬之间，也可以将这一欲望的能量都转化为另一动力。同样，通过以上过程，你还可以激发你潜在的能量，并将这些能量调遣到需要活动的地方。事实上掌握了转化的技巧，你就完全正确控制了体内所有的能力，不管是显露在外的还是潜在于内的，你都可以随心所欲地使用。当你学会了如何运用这一技巧之后，你在工作中就会更加游刃有余，这是显而易见的，但也并不尽然。的确，非凡的能力，卓越的成绩，还有天赋都是可以通过依照此技巧加以持之以恒地锻炼得到的，但是，如果对此过程的潜在规则横加干涉的话，那么你在思维能力、生活或者言行举止方面都将一事无成。

　　对你的有意识的行动进行深入思考，即可触及你的内心活动，这也就是你的心理活动范围。试着多去关注一下你的内心世界，试着感受一下你的思想和意识的涌动，并且试着从这些存在于有意识活动之基的内心深入的个性和思想状态做出行动。

　　举个例子或许能够帮助我们更好地理解。当你听到一首触你心弦的曲子，你就能感觉到曲子的每一个音符都能拨动你的每一根神经，这时你全神贯注于你的内心世界与曲子的共鸣。你的思想世界万分活跃，进入了一种"我思故我在"的境界。当你的内心深入被某一种情感触动，你也会进入上述境地无法自拔。深入的思考，细腻的感觉，还有强烈的欲望都会或多或少地将你带入某种精神境界。每当你的思想全部被这种心理活动占据时，你都应该集中精力于所感所想，或者你希望有更多的能量注入身体部分。

　　满怀信心，集中精力并且尽可能地将自己融入其中，那么你体内所有剩余能量都会一齐涌向你注意力所集中的点上。这种涌动产生的力量将是不言而喻的。将你所有的注意力集中到心理活动上，然后全神贯注于你的一只手上，心中默默念着，希望手部的血液循环加快。不一会儿，你手背上

的青筋就会暴起，手部感觉充满力量，即使开始手部或许是凉的，现在也会暖和起来。另外一个例子，更能说明问题，而且更有意思，那就是以同样的方式将注意力集中到消化器官上，看消化过程会不会由此变慢。很快你就能感觉到有很多的能量集中到了腹部。原来因消化不良带来的舒适感全部消失了。实际上，利用这种方法，每次饭前后各做一次，每次只需几分钟，长期以来的消化不良等病症都会消失。

上述例证表明，只要你给予一个器官更多的能量，这个器官就会更好地发挥作用，只要它能更好地发挥作用，那么一些小病都会不治而愈。其他此类的例子还有很多，都很有意思。另外，此类活动可以帮助我们运用转化规则。

通过转化还可以起到以下作用：工作能力会持续增长；体内所有的能量都可以得到更有效的利用；头脑更加灵活，因为更多的能量涌入大脑的缘故。

第六章

不惧怕失败

为什么会失败

一个人成功的前提是具有百折不挠的精神，要想着：即使屡战屡败，也要屡败屡战，也永不言败，因为我相信挫折打不败信心。

拿破仑·希尔就曾经对自己的员工这样说过："千万不要把失败的责任推给你的命运，要仔细研究失败。如果你失败了，那么继续学习吧！可能是你的修养或火候还不够的缘故。你要知道，世界上有无数人，一辈子浑浑噩噩、碌碌无为。只有那些百折不挠，牢牢掌握住目标的人才真正具备了成功的基本要素。我的公司就需要这些为大目标而百折不挠的人。"

是啊，通向成功之路并非一帆风顺，有失才有得，有大失才能有大得，没有承受失败考验的心理准备，闯不了多久就要走回头路了。要知道失败并不可怕，关键在于失败后怎么做。学会正确对待失败的态度，你才能在充满艰辛的征途中勇往直前。

当我们面对挫折时，首先需要控制自己的情感，最重要的是要转变意识，纠正心理错觉。在想不开时换个脑筋思考，想开一点：为什么倒霉的事情可以发生在别人身上，而绝不该发生在你的生活中呢？毫无疑问，世界上有许多美丽的令人愉快的事情，也有许多糟糕的令人烦恼的事，却没有一种神奇的力量只把好事给你，而不让坏事和你沾边，当然也没有一种神奇的力量把好坏不同的境遇完全合理地搭配，绝对平均地分给每个人。一个人如果能真正认识到自己遇到的不如意的难题不过是生活的一部分，并且不以这些难题的存在与否作为衡量是否幸福的标准，那么他便是最聪明的，也是最幸福和最自由的人。

愿望不等于现实，在这点上，人生如同牌局。如果你已经遭受苦难和面临意想不到的压力，即使委屈等待，下一步也不一定就会时来运转。如果连续抛十次硬币，每一次都是

反面向上，那么第11次怎么样呢？许多人会认为是正面，错了！正面向上和反面向上的可能性仍然一样大。如果没有必然联系、因果关系，那么一件事发生的概率是不受先前各种结果的影响的。

当然，人生之中的挫折大多是难以避免的，但很多人由于心态消极，在心理错觉中导致心理推移，这一点上却是自寻烦恼。他们一旦陷入困境，不是怨天尤人，就是自我折磨，自暴自弃。这一切不良情绪只能为自己指示一条永远看不到光明的"死亡之路"。印度诗人泰戈尔说得好：我们错看了世界，却反过来说世界欺骗了我们。

如果你认为困境确实是生活的一部分，那么你在遇到它时沉住气，学会控制自己的情感，凭着勇敢、自信和积极的心态，乐观的情绪，就一定能走出困住自己的沼泽。

首先，你可以考虑自己所面临的压力是否马上能改变，可以改变的就努力去改变，一时无法改变就要勇于去接受，这叫接受不可改变的事实。

第二，你再想想，这件不如意的事坏到什么程度，想方设法避免事情变得更糟，避免处境更加恶化。

第三，面对压力，分析原因，通过心理自救，即选择

控制自己的情感，并依靠自己的努力和争取别人的理解和支持，去寻求和创造转机，走出压力，并化压力为动力，走出困境。在这个过程中，最关键的问题就是自信主动，善于选择，保持心理的平衡。

在转变意识，纠正心理错觉的问题上，还要注意另一种心理错觉——倒霉的时候只想着倒霉的事，而没有看到自己的生活还有光明美好的一面。

人们常常就是这样，一旦遇到挫折和不幸就容易眼界狭窄，思维封闭，眼睛只是死死盯在自己所面对的问题上，结果把困境和不幸看得越来越严重，以致被抑郁、烦恼、悲哀或愤怒的不良情感压得抬不起头来。由于注意力高度集中在挫折与不幸上，思想和意识就会被一种渗透性的消极因素所左右，就会把自己的生活看成一连串的无穷无尽的绳结和乱麻，感觉到整个世界都被黑暗、阴谋、艰难和邪恶所笼罩……这么一来，那就只有发出懊恼和沮丧的哀叹了。其实，这是含有严重的歪曲成分和夸大程度的消极意识和心理错觉。我们既不会万事如意，也不会一无所有；既不会完美无缺，也不会一无是处。如果你能随时随地地看到和想到自己生活中的光明一面和美好之处，同时意识到自己面临的难

题，遭遇的困境，别人遇到的甚至比自己的更严重，那你就能选择控制自己的情感，保持心理平衡，从某种烦恼和痛苦中解脱出来，并且有可能获得新生，会照样或更加自信而愉快地生活。

因此，在坚持到底的过程中，绝不轻言放弃，但要学会暂时放手。也就是说，当你遇到重大的难题时，不要马上放弃，你可以先放下手中的工作，透透气，使自己的思维放松，当你回来重新面对原来的问题时，你就会惊奇地发现解决问题的答案会不请自来。适当的放松可以使你的头脑更加冷静，从而为力挽狂澜打下坚实的基础。

同时，千万不要幻想一夕的成功，因为那是不可能的。每个成功者的背后都是无数次失败的惨痛经历。如果你是一个刚刚加入公司的新职员，你将面临的是一个全新的世界，这需要你的耐心和坚持，才能汲取经验，在反复的失败与总结中，才能不断地获得阶段性的成功。其实，任何学习都要经历这一过程。

虽然说成功之后还是成功，失败却未必招致失败。关键是你如何看待失败，是否会从失败中获得与成功的动力有用的东西。

不要害怕失败

　　南方的森林中有一种张飞鸟，它对自己要求非常高，决不允许自己犯错误。有一天，它无意中飞到一户人家的屋子里，这位主人外出时随手把门给带上了。张飞鸟找不到出口，十分自责。它懊悔地一次一次以头撞墙，以此来惩罚自己。它越撞越气，越气越撞。当主人归来时，在地上捡到了一只撞破脑袋的死鸟。

　　每一个渴望成功的人都应该吸取张飞鸟的教训，永远不要害怕失败，永远不要丧失尝试的勇气。当你连连失败的时候，不要灰心丧气，你和成功的距离越来越短了。因为虽然

我们又一次没有找到正确的方法，但是换个角度思考一下，我们难道不是成功地找到了行不通的途径吗？

查宁·波洛克说，美国是一个比任何其他国家都需要学习"失败是什么"的国家。我们过多地用金钱来衡量是否失败，那些赚取大量财富的人，不管他的品性如何，都会赢得人们的赞许。

用这种方式来评价人，很多优秀而又善良的人都被归在了失败者之列。比如爱默生，他的第一本散文集在第一个12年里只卖出了500本！

爱默生并没有降低自己的写作标准，也没有为了赚钱或者赢得人们的赞许而去写一些低级的东西。

他在神学院做过演讲之后，批评家对他大加指责。"我还要一如既往，看我能看的，说我想说的。"他这样写道。

没有什么东西可能使他偏离自己的轨道，他根本就不在乎钱，只是把有钱人看作"富有的贫穷者"。他根本不喜欢追逐潮流，他所关心的只是自己认为正确的东西。

"如果一个人毫不动摇地依照自己的良心从事，美好的前程一定会走来。"他是这样说的，也是这样做的。因此，

爱默生的名字已经像星星一样到璀璨夺目了。

美国社会最需要的人是那些不惧怕失败的人，当然，这种失败是指那些愚蠢者眼中的失败。最后，他们不但会在精神上取得胜利，在物质上也会取得胜利。

"目标短浅就意味着失败。"勃朗宁这样说道。攀登布朗峰比攀登一座沙丘要好得多。失败是一个很微妙的东西，成功也是一样。

那些目标远大而没有成功的人以及那些目标短浅取得成功的人都属于失败一列。每个人都会面对失败，但有些人的失败重如泰山，有些人的失败轻于鸿毛，有些成功甚至会让人感到羞耻。

在对一个人的价值进行最终评价时，不但要对他成功的性质进行评价，还要对他失败的性质进行评价。这就是喜剧与悲剧的差别——很重要的差别。

德国心理学家奥肯在《人生的意义与价值》中提醒我们："人生与其说是外在的克服，不如说是内在的前进；与其说是目的的完全达成，倒不如说是奋战到底的潜力的觉醒与持续。"

成功是靠坚持而来的，投入并且坚持不懈地做下去，

"成功"的目标自然会水到渠成。不能坚持的人，就会像故事里的弗罗伦斯，即使成功在即，最终也会断送在自己手中。

当你"相信"自己一定能完成时，你会发现自己身上正有一股澎湃的力量全力冲击，让你不顾一切地坚持到最后一秒，于是你的生命也更充满了活力，而所有能量的启动来自于你自己的信心和耐力程度究竟有几分。

生活中其实没有绝对的困境。困境在于你自己的心没有打开。你把自己的心封闭起来，使它陷入一片黑暗，你的生活怎么可能有光明？封闭的心，如同没有窗户的房间，让你处在永久的黑暗之中。但实际上四周只是一层次，一捅就破，外面则是一片光辉灿烂的天空。

机会当然需要等待和运气，但是，如果你没有比别人更强烈的进取心，即使再多的机会靠近你，也都会与你擦肩而过。只要你愿意，现在你就可以拿着一根棍子，一个破碗，20年后你一定可以走遍世界，而且保证你不会饿死。相反，20年之后你会变得更好，因为你可以通过你自己的能力去交换你需要的东西。

似乎每个人都在等待工作的机会，每个人都希望获得提拔的机会。然而，有人很快便获得机会，有人却过了大半辈

子都等不到。

　　所以，不要畏惧失败，失败的背后所藏匿的往往就是成功，再坚持坚持，向前走一步，成功就会展露在你眼前了。

经历失败才会成功

从小就听到大人说："失败是成功之母，是成功的先导。"但真正能领会这句话含义的人，却是少之又少，只有那些领会了这句话的人才知道只有在自信主动、心态积极、坚持开发自己潜能的条件下才能达到。

通常我们做一件事情失败了，无非有三种可能性：一是我们选择的方向有误，所以需要另外选择自己所走的方向；二是我们在那些方面还没有解决好，所以应该想办法解决；三是还没做到头，但我们中途就退了下来，所以我们应该坚持下去，做到永不放弃。只要我们把以上三点可能性都一一

的做到了，那么成功就没有不可能的了。

　　我的一位好朋友李寿菊说过："失败有什么可怕呢？成功与失败，相隔只是一线。即使你认为失败了，只要有'置之死地而后生'的心态、自信意识，还是可以反败为胜的。有人说，过分自信也会导致失败，但所否定的只是'过分'，而不是自信本身。如果你不是怕丢面子，怕别人说三道四，那么失败传递给你的信息只是需要再探索，再努力，而不是你不行。"

　　事实正如李寿菊所说的那样，我们都知道爱迪生做了几万次试验，发明了许多造福人类的事物，可他这几万次试验当中至少有99%是失败的，可爱迪生并没有放弃，而是在每次失败后他都能不断寻求更多的东西。当他把原来的未知变成了已知的时候，无数的新事物就被发明出来了。所以他认为那么多的失败实质上都不能算是失败。

　　爱迪生说："我只是发现了9999种无法适用的方法而已。失败也是我需要的，它和成功一样对我有价值。只有在我知道一切做不好的方法以后，我才知道做好一件工作的方法是什么。"他说的这句话，不正是深知从各种损失中也能获益的意识吗？从这个意义上，我们认识到只有不怕失败，

深知失败意味着什么的人才配享受，也才可能享受到成功的
欢乐。

　　成功与失败是事物发展的两个轮子，失败是成功之母，
是成功的先导。这些话可以说人人皆知。但在实际生活中，
只有极少数的人才能真正领会它的含义。

　　莱特兄弟发明飞机之前，已经有许多发明家的发明非常
接近飞机了，可是最终他们还是没有成功，原因在哪儿？为
什么莱特兄弟能成功，而那些人却失败了？究其原因是因为
他们不会从失败中学习经验，而莱特兄弟却从这些失败中学
到了比别人多的经验，他们应用了和别人同样的原理，只是
给翼边加了可动襟翼，使得飞行员能控制机翼，保持飞机平
衡。结果在别人失败的地方，他们多走了一步就成功了。

　　如果走进长青文化公司李宇晨的办公室，你可能马上就
会觉得自己有种"高高在上"的感觉，这是为什么呢？因为
他办公室内各种豪华的摆饰、考究的地毯、忙进忙出的人潮
以及知名的顾客名单就是最好的证明，它们都在告诉你，他
的公司是很成功的。

　　然而，这些成功的背后却藏着无数的辛酸血泪。李宇晨
回忆说："我创业的时候头六个月就把自己十年的积蓄花得

一干二净，并且一连几个月都以办公室为家，因为我付不起
房租。其实再夸张一点的说，我当时的窘境已经到了没有明
天的饭钱的地步，但我仍然没有放弃我的理想，我曾婉拒过
无数的好工作，无数好的兼职。我为了我的理想，我找了好
多投资者，好多朋友，但我都被一一地拒绝了。整整3年的
时间，我都在艰苦挣扎中，但我从来也没有一句怨言，不是
我不想说，而是我不敢说，害怕我一说出来，我就会不进则
退，害怕我一说出来，我就会以此为借口放弃我的理想。所
以我一直在说：并不是我不想成功，只是我还一直在学习的
阶段。这是一种无形的、捉摸不定的生意，竞争很激烈，实
在不好做。但不管怎样，我还是要继续学下去。也许正是因
为这句话，我坚持了下来，最终我实现了我的理想，我做到
了，而且做得轰轰烈烈。"

"无数次，我的朋友都在问我一个问题：创业的时候被
那些困难折磨得疲惫不堪了吧？对于这个问题，我只是微微
一笑便带过了，但在我的心里却这样回答：没有啊！我并不
觉得那很辛苦，反而觉得是受用无穷的经验。"

　　这就是李宇晨成功的经历，从中我们得到了许多启发，那就是成功并不遥远，只要我们有战胜困难的精神，并坚持下去就可以了。

　　天下哪有不劳而获的事？如果能利用种种挫折与失败，来促使你更上一层楼，那么一定可以实现你的理想。看过世上那些大富豪们经历的人一定会知道，他们的功业彪炳史册，但都经受过一连串的无情打击。只是因为他们都坚持到底，才终于获得辉煌成果。

　　初二年级的时候，我们的英语老师说了这样一句话："你们班的每一个学生英语都是不及格的。"这件事对我们班来说打击太大了。因为一直以来，在我们班同学的心里都认为，我们班是整个年级学习最好的一个班了，不管从哪一门课来说都如此。可是面对英语老师的说词，我们受不了了，于是有许多同学就找到英语老师，希望他能给我们一个明确的说法。

　　英语老师没有多说什么，只是说："你说的大部分都很对，确实有许多知名人物几乎不知道这一科的内容。例如鲁冠球、刘永行等等那些名人们他们可以说是一点都不懂这

门外语，可是，在你们未来的日子里，也许永远也用不到外语，也许外语能为你们带来一生的财富，所以说学习这门课是必须的。而你们面对这门课的态度也决定了你们今后能否成功。"

对于老师这样的回答，同学们愣住了，只是结结巴巴地问出了几个字："老师，你是什么意思？"

老师笑了，他回答说："我能不能给你们一个建议呢？我知道你们现在相当失望，我了解你们的感觉，我也不会怪你们，但是请你们用积极的态度来面对这门课吧。这门课非常非常重要，如果不去培养积极的心态，根本做不成任何事情。"

经过这次教训，班里同学都改变了，经过半年的时间，我们的英语成绩直线上升。而现在我们也都理解了老师的苦心。

挫折是人生中不可避免的。一个人的生活目标越高，就越容易受挫折，从而导致压力。

挫折对一些脆弱的人来说是"人生危机"，而那些真正懂得生活的人，他会给自己提出这样的要求：战胜挫折，把自己锻炼得更加成熟和坚强。我们都可以化失败为胜利，从挫折中汲取教训，好好利用，就可以对失败泰然处之。

　　千万不要把失败的责任推给你的命运，要仔细研究失败的实例。如果你失败了，那么继续学习吧！这可能是你的修养或火候还不够的缘故。世界上有无数人，一辈子浑浑噩噩，碌碌无为，他们对自己一直平庸的解释不外是"运气不好""命运坎坷""好运未到"，这些人仍然像小孩那样幼稚与不成熟，他们只想得到别人的同情，简直没有一点主见。由于他们一直想不通这一点，才一直找不到使他们变得更伟大、更坚强的机会。

　　在普通情形下，"失败"一词是消极的，但我们要赋予这两个字新的意义，因为这两个字经常被人误用，而给数以百万计的人带来许多不必要的悲哀与困扰。

困难只是暂时的

　　有些人在失败时总归咎于命运，认为那是命运的安排，实际上，世间并没有神主宰人们浮浮沉沉的命运，人若自败，必然失败。人世间的每一个人都会面对许多困难，而成功的人往往是在困难中想象成功的人。

　　许多具有真才实学的人终其一生却少有所成，其原因在于他们深为令人泄气的自我暗示所害。无论他们想开始做什么事，他们总是胡思乱想着可能招致的失败。他们总是想象着失败之后随之而来的羞辱，一直到他们完全丧失创新精神或创造力为止。

对一个人来说，可能发生的最坏的事情莫过于他的脑子里总认为自己生来就是个不幸的人，命运女神总是跟他过不去。其实，在我们自己的思想王国之外，根本就没有什么命运女神。我们才是自己的命运女神，我们自己控制、主宰着自己的命运。

有一则寓言，两只蚂蚱一天早晨在嬉戏中失足掉进了人们扔在路边的奶酪罐里，罐里未吃完而剩下的奶酪足以使两只蚂蚱遭受灭顶之灾。蚂蚱掉进罐子后，其中一只叹了口气，心想："完了，上帝安排我掉进这陷阱，就由它去吧。"于是，时间不长它便沉了下去。而另一只蚂蚱呢？它虽然也在往下沉，但它却在不断地挣扎着，它一边挣扎一边想着与伙伴们在美丽的花草上跳跃嬉戏的情景，它在想着跳出去后将要去不远处的一座皇家花园里安家。它就这样不断地挣扎着一直到太阳升得老高，阳光蒸发了罐中的水分，奶酪也逐渐凝固成硬块，这只蚂蚱用力一跃，终于跳了出来，它获得了自由。

成功往往与自己的心态有着莫大的关系。在每个地方，尽管有一些人抱怨他们的环境这也不行那也不行，他们没有

机会施展自己的才华，但是，就是在相同的条件下，却有一些人设法取得了成功，使自己脱颖而出，天下闻名。

我们经常看到有些能力并不十分突出的人却干得非常出色，而我们自己的境况反不如他们，甚至于一败涂地，我们往往认为有某种神秘的命运在帮他们，而在我们身上有某种东西总是在拖我们的后腿，事实上，是我们错了，如果我们仔细地去想、去看、去问，就会发现，不是我们不如他人，而是我们的心态出了问题，那些能力不如我们的人，他们能做得十分出色，是因为他们有着战胜困难，迎接成功的心态。正因为如此，他们最终都成功了。

任何人都想获得成功，都想实现自己的梦想，也都希望自己成为英雄人物，有这么多的梦想、希望，那么我们就要激励自己拥有无所畏惧的思想，我们绝不能害怕任何事情，也绝不能让自己成为一个懦夫、一个胆小鬼。

《再努力一点》这本书中写了这样一段话："如果你一直胆小怯懦，如果你容易害羞，那就不妨使自己确信——自己再也不会害怕任何人、任何事，那你就不妨昂起头，挺起胸来，你不妨宣称你的男子汉气概或是你的巾帼不让须眉的气概。一定要痛下决心加强你个性中的薄弱环节。"

　　难道不是吗？对畏缩、胆怯和害羞的人来说，如果能展现出另外的神态，如果能表现出自信的样子，那么，对于他们来说往往大有裨益。

　　对于那些胆怯、害羞的人来说，他们最想的就是走出这些阴影，把胆怯、害羞的心态改变，其实改变这些心态，不能靠别人，靠的只能是自己，你们不妨对自己说：”其他人太忙，不会来操心我或看着我、观察我，即使他们看着我、观察我，对我来说也没什么大不了的。我将按自己的方式行事和生活。也不管世人如何评价你的能力，还是你面临什么困难，你绝不能容许怀疑自己能成就一番事业的能力，你绝不能对自己能否成为杰出人物心存疑虑。要尽可能地增强信心，在很大程度上，运用自我激励的办法来激励自己做到这一点。当你们哪一天做到了这点，那么明媚的阳光就会照射在你的身上了。

成功需要坚强的毅力

　　歌德说："人生重要的在于确立一个伟大的目标，并有决心使其实现。"但是如果没有坚强的毅力，谁不会在这么多的挫折面前低下高傲的头颅呢？挫折像专为撒旦服务的魔鬼一样死死纠缠，撒旦的意志似乎不可扭转，但坚持能使这一切改变，挫折的意志也得为之让步。

　　海伦·凯勒在老师的帮助下，克服了身体上的残疾，以惊人的毅力面对困境，最终寻求到了人生的光明。

　　说起海伦·凯勒的遭遇，我们没有人能不感动，没有人不佩服她的精神。

　　海伦·凯勒出生在一个富裕、快乐的家庭中，可是她很不幸，她又瞎又聋，无法感受亲人的关爱，也不能体会人生的欢乐，用一句话来说，就是她只能在无声无色的童年坟墓周围徘徊。可是，海伦·凯勒的精神让她改变了自己，她用勤奋寻求心灵的光明，经过她努力的坚持最终以微笑战胜了人生道路的坎坷，创造了人类历史上的奇迹。

　　对于海伦·凯勒的成功来说，有一部分人会认为海伦之所以能一举成名，是依靠人们的同情与怜悯。可是事实并非如此，她的成功是经过她的努力得来的，她经过许多的挫折，从小时候命运带给了她挫折，让她陷入困境，到后来的努力学习中遇到的无数挫折，但她依然是微笑着坦然面对坎坷，也正是因为这些挫折，所以海伦·凯勒比其他人更加坚强，更加努力。

　　从古至今，我们所知道的那些名人、那些君主或者那些平凡的人，没有哪个的人生道路中不会有挫折。现实当中，我们一次考试的失败、某位亲人的离去、一场大病的侵袭，这些都是挫折。然而有的人面对挫折悲痛欲绝、怨天怨地，不断沉沦，陷入精神的黑暗深渊，很久都无法解脱。但有的

人却能克服短暂的悲哀，化悲伤为动力，努力改变自己，逃出困境。

女科学家居里夫人，她的成就不是任何人都可以相比的，她曾经也遇到过挫折，而她的挫折也是别人无法想象的，当她克服重重困难，通过努力学习，认真研究，攀登上了科学高峰时，她的丈夫皮埃·居里却死了，丈夫的死给她带来了巨大的打击，可居里夫人为了完成丈夫的遗愿，继续钻研，将悲痛埋藏在心底，最终为人类做出了巨大的贡献。

所以，生活中的失败挫折既有不可避免的负面影响，又有正面的功能；既可使人走向成熟、取得成就，也可能破坏个人的前途，关键在于你怎样面对挫折。

其实，当一个人身处顺境时，尤其是在春风得意时，一般很难看到自身的不足和弱点。唯有当他遇到挫折后，才会反省自身，弄清自己的弱点和不足，以及自己的理想、需要同现实的距离，这就为其克服自身的弱点和不足、调整自己的理想和需要提供了最基本的条件。因此，挫折是人生的催熟剂，经历挫折、忍受挫折是人生修养的一门必修课程。

世间最难的事是坚持。说它难，是因为真正能做到的，终究只是少数人。

　　成功在于坚持。这是一个并不神秘的秘诀。通往成功的道路有时一帆风顺，有时则荆棘满地。面对前者你当然轻易便能坚持，而一旦遇到后者的情况，当考验你的时刻来临，你还会有一开始时的勇气与毅力吗？

　　当然，挫折也有负面效应。虽说一个人经受一些挫折有一定的好处，可以锻炼人的意志，培养在逆境中经受挫折失败后再接再厉的精神，但不断地让人经受挫折，经常陷于挫折之中也是不可取的。如果这样，则对一个人的压力太大，会使其人格发生根本性变化，从而变得冷漠、孤独、自卑，甚至执拗。

勇敢地面对挫折

　　爱默生说："我们的力量来自我们的软弱，直到我们被戳、被刺，甚至被伤害到疼痛的程度时，才会唤醒包藏着神秘力量的愤怒。"伟大的人物总是愿意被当成小人物看待，当他坐在占有优势的椅子中时会昏昏睡去，当他被摇醒、被折磨、被击败时，便有机会可以学习一些东西了；此时他必须运用自己的智慧，发挥他的刚毅精神，他会了解事实真相，从他的无知中学习经验，治疗好他的自负精神病。最后，他会调整自己并且学到真正的技巧。

　　反省一下自己，是否存在一遇到挫折就半途而废，最后才

造成失败的情况呢？在奋斗的过程中，不要给自己任何停下来的借口，因为成功之门，永远会出现在你放弃前的最后一步。

有个拳击手曾说："当对手受到猛烈重击并倒下时，对我而言是一种解脱，也是一种诱惑，因为每当这个时刻，我会在心里呐喊我一定要挺住，绝不能倒下，只要再坚持一下，我就成功了！"

然而，挫折并不保证你会得到完全绽开的利益花朵，它只提供利益的种子。你必须找出这颗种子，并且以明确的目标给它养分并栽培它，否则它不可能开花结果。上帝正冷眼旁观那些企图不劳而获的人。

"生命为何如此艰难？"一位读者这样问道："它为何会伤害我们如此之深？今天它像一只老虎，明天它又车轮滚滚，伤我们的心，让我们心碎不已。"

《圣经》的最后一章向我展示了上帝之城的形象，这个城有12个城门，每个城门都是一颗珍珠。有哪位读者知道珍珠是如何制造的吗？以下就是一个根据科学得出的故事。

贝壳受了伤，伤口上面还挤了一粒沙子。于是，各种修补的力量都集中到受伤的一点。不久，伤口得到了痊愈。

最后，在伤口之处得到了一颗璀璨的珍珠。换句话说，上

帝之城的珍珠之门是由于受到伤害、失败以及失望而得来的。

生命之路没有平坦大道，理解之路并非铺满玫瑰。如果生活在某些时候看起来很艰难，也许它正在孕育着珍珠。

悲伤本身并没有任何价值和意义，问题取决于我们如何接受它。人们对痛苦与失败的自然反应是愤怒与反抗，但是，这样的行为只能把失败变成灾难。

当然，我们还可以以另一种方式来面对挫折，防止失败变成灾难。一旦挫折降临到我们头上，我们不但要接受，还要找到最好的解决方式。

那些不知痛苦、失败以及绝望为何物的人根本就不会理解生命的意义所在。他们只看到了生命的表面现象，永远也不会了解对自己心灵的信仰会如何赋予生命意义和价值。

这个道理并不深奥，反而非常浅显。如果研究一下你最为敬仰的人的性格，你就会发现，他们都会勇敢地面对失败、困难与绝望，最终取得胜利。

做到这一点确实很难，但却并非不可能，我们完全可以做到。生命不仅仅意味着一帆风顺，它还意味着使僵硬的变灵活，使软弱的变坚强。

是啊，当我们面对挫折时如果能这样想，那么我们会怎

样呢？答案是继续努力，实现自己的目标，当再一次遇到困难时，勇敢地去战胜它。

在中国的一个小城里有一个普通公民，43岁时发现患了血癌。初时他每天闭门不出，时不时地大发雷霆，从此，他的生活随着他的改变一落千丈，几个月后，他想通了，他不能再这样下去了。一天，他对妻子和两儿两女说："我要尽可能地活下去，我从今天起接受化疗。我希望你们帮助我，让我能有勇气面对这个不治之症。我们都不愿意死去，但也不要害怕死亡，我们仍可创造幸福美好的明天。"

从此，他振作起精神，一改之前的所作所为，每天坚持跑步、治疗，并且他还组织了一个特殊的集会，这是由一些癌症患者参加的聚会，他们常常在一起互相帮助摆脱心理上的阴影，愉快地去赢得新的生命。他们共同寻求解决问题的方法，尽可能争取多活些时间。他将这个机构定名为："让今天更有价值。"

每个人都有生存的意义，哪怕你只有一天的生命也不要轻言放弃。要勇于面对挫折，想方设法战胜挫折，展现我们的能力与智慧！

从失败中站起来

在我们的生命中，最大的挑战不是改变我们周围的环境，不是改变我们的家庭，也不是改变我们的生意，而是改变我们的态度，当我们改变我们的态度时，我们就能摆脱一切束缚自我发展的因素，从而使自己的创造力得到发挥。

天无绝人之路，不管我们经过多少挫折、多少磨难，只要我们努力，只要我们付诸行动，我们就一定会创造出奇迹。

他5岁时就失去了父亲。

他14岁时从格林伍德学校辍学开始了流浪生涯。

他在农场干过杂活，干得很不开心。

他当过电车售票员，也很不开心。

16岁时他谎报年龄参了军，但军旅生活也不顺心。

一年的服役期满后，他去了阿拉巴马州，在那里他开了个铁匠铺，但不久就倒闭了。

随后他在南方铁路公司当上了机车司炉工。他很喜欢这份工作，他以为终于找到了属于自己的位置。

他18岁时结了婚，仅仅过了几个月时间，在得知太太怀孕的同一天，他又被解雇了。

接着有一天，当他在外面忙着找工作时，太太卖掉了他们所有的财产，逃回了娘家。

随后大萧条开始了。他没有因为老是失败而放弃，别人也是这么说的，他确实非常努力了。

他曾通过函授学习法律，但后来因生计所迫，不得不放弃。

他卖过保险，也卖过轮胎。

他经营过一条渡船，还开过一家加油站。

但这些都失败了。

有人说：认命吧，你永远也成功不了。

有一次，他躲在弗吉尼亚州若阿诺克郊外的草丛中，谋划着一次绑架行动。

他观察过那位小女孩的习惯，知道她下午什么时候会出来玩。他静静地埋伏在草丛里，思索着，他知道她会在下午两三点钟从外公的家里出来玩。

尽管他的日子过得一塌糊涂，可在这此之前他从来没有过绑架这种冷酷的念头。然而此刻他借着屋外树丛的掩护，躲在草丛中，等待着一个天真无邪、长着红头发的小姑娘进入他的攻击范围。为此他深深地痛恨自己。

可是，这一天，那位小姑娘没出来玩。

因此他还是没能突破他一连串的失败。

后来，他成了考宾一家餐馆的主厨。但一条新修的公路刚好穿过那家餐馆，他又一次失业了。

接着，他就到了退休的年龄。他并不是第一个，也不会是最后一个到了晚年还一事无成的人。

幸福鸟或随便什么鸟，总是在不可企及的地方拍打着翅膀。

他一直安分守己——除了那次未遂的绑架，但他只是想

从离家出走的太太那儿夺回自己的女儿。不过，母女俩后来回到了他身边。

时光飞逝，眼看一辈子都过去了，而他却一无所有。

要不是有一天邮递员给他送来了他的第一份社会保险支票，他还不会意识到自己老了。

那天，他身上的什么东西愤怒了、觉醒了、爆发了。

政府很同情他。政府说，轮到你击球时你都没打中，不用再打了，该是放弃、退休的时候了。

他们寄给他一张退休金支票，说他"老"了。

他说："呸。"

他收下了那105美元的支票，并用它开创了新的事业。

而今，他的事业欣欣向荣。

而他，也终于在88岁高龄大获成功。

这个到该结束时才开始的人就是哈伦德·山德士，肯德基的创始人。他用他第一笔社会保险金创办的崭新事业正是肯德基家乡鸡。

在人生中，犯错和失败是常事，在所难免，关键是我们要尽量力争上游。如果试过了后失败了，总比不试要好一

点。当然，到了我们注定要失败时，才来谈如何避免瘫痪懒散，那实在是很难把握的。说实在话，如果到了很不理想的地步，既然失败了，我们仍应满怀坚定而不泄气才好。

英国文学家史蒂文森说他自己"仅仅小试牛刀，却弄得一败涂地！"这句话可以说是我们大部分人的写照。我们希望过极好的生活，可是我们却不肯实实在在地努力，不愿含辛茹苦，所以结果未能如愿也不足为怪。

倒下了能再站起来，或者被人打倒而不认输的人，虽败犹荣。人总归是人，有时我们会一路错下去，可是一旦我们振作起来，便不再算作是失败。

当然，我们都会颓丧，都会脾气暴躁，当我们还没有弄清事实真相时，就暴躁起来。接着便出言伤人，事后又为此而感到内疚。这一切都于事无补。

有的人因此还会滋生一些心理上的恶习。紧张、胆怯、鄙视他人、反抗、折磨自己、折磨家人。假使他就此在人生的战场上走下去，他就输定了。

有的人因此还会变得喜怒无常、不善控制钱财、不能与人相处，也不能克服自身的坏习惯。其实假使他不意志消沉，坚忍不拔，仍会赢得胜利。